每天都要GOOD MO

# 10分鐘做早餐

一個人吃 兩個人吃 全家吃都充滿幸福的120道早餐提案

崔耕真◎著　　李靜宜◎譯

# 美好的一天，就從「早餐」開始！

## ✱ 天兵母女的匆忙早晨

　　這本書是我為女兒準備的早餐日記。日記主角之一是為了趕時間、必須狼吞虎嚥解決早餐的孩子，另一位主角則是患有低血壓，無法太早起床的媽媽。書中可說是專為我們這對天兵母女設計的餐點，內容涵蓋我這個家庭主婦20年的功力與密技，如果裡面的食物讓你覺得「不會吧？！這玩意兒能吃嗎？」請先鎮定聽我娓娓道來。

　　打從女兒上高中的第一天起，「吃早餐」這件事就變得阻礙重重。由於高中的上學時間足足比國中早了一個半小時，眼見快要遲到時，只好自己開車送孩子去學校，當我急得像熱鍋上的螞蟻站在門口等女兒出來，往屋內看去，竟發現她剛洗完的頭上還纏著毛巾，逼不得已只好先出門再說。拉著頭髮尚在滴水、手裡拿著制服與襪子的女兒衝進電梯，誰料到⋯⋯所有鄰居都在那天給我遇上了！除了丟臉丟到家，一股無名火也油然而生。

## ✱ 與時間競爭的「健康」問題

　　那一天我讓女兒在車裡換上制服，頭髮盡可能擦乾到不滴水的狀態。雖然女兒最後沒有遲到，但是上學第一天就沒吃早餐餓肚子，放學後又有晚自習，深夜孩子回家倒頭就睡，於是第二天又上演相同的戲碼。即使早一點起床也於事無補，因為要吹乾頭髮、還要擦乳液、防曬等，「根本沒時間吃早餐！」

後來勉強騰出吃早餐的時間，只有短短2～3分鐘可以利用，女兒總會把時鐘擺在餐桌上，時間一到就立刻放下手中食物直奔學校，於是，如何讓孩子在最短的時間內吃完早餐，成了為娘的重要課題。

## ✱ 用好吃的早餐，打造優質生活

有問卷調查指出：「高中」就是與時間廝殺的時期，高中生通常睡眠優先、吃飯第二，往往為了能多睡一分鐘而犧牲吃早餐的時間，每天早上總是跟媽媽上演一段追趕跑跳碰。不過，只有學生才會這樣嗎？答案是否定的，還有很多晚睡、早餐沒有食慾的人都是如此。

現在我將自己的私房食譜大方分享出來，專治那些沒食慾、沒時間、不喜歡吃早餐的人，不管是早餐店的西式或中式早餐，還是超人氣路邊小吃，都能用簡單的方法快速完成。而且不只適用於高中生（應該有許多家庭主婦都和我有相似的情況），也適合自己準備早餐的單身貴族。總之，我相信這本「10分鐘早餐食譜」肯定能發揮莫大效用，改善你每天的生活品質。

Jasmine

# 目錄
## c·o·n·t·e·n·t·s

## Part1　完美人妻Jasmine的10分鐘快速早餐

## Part2　「6大快速早餐」營養滿點！

## Part3　我的早晨21道幸福提案！

## Part4　挑戰味蕾！偶爾也換換新口味

# Part5　不失敗不費時！我家就是人氣餐館！

# Part6　「職場媽媽」的愛心早餐

# Part7 15種變化「麵包」的創意早餐

# Part8 週末的幸福，從「美味早餐」開始！

# 湯匙計量示意圖

**✴ 粉狀調味料**

糖（1）

糖（0.5）

糖（0.3）

滿滿一湯匙，
中央尖聳。

舀起半湯匙的量，
中央微微隆起。

舀起⅓湯匙的量。

**✴ 泥狀調味料**

蒜泥（1）

蒜泥（0.5）

蒜泥（0.3）

滿滿一湯匙。

舀起半湯匙的量。

舀起⅓湯匙的量。

**✴ 半液態醬汁**

辣椒醬（1）

辣椒醬（0.5）

辣椒醬（0.3）

滿滿一湯匙，
中央尖聳。

舀起半湯匙的量，
中央微微隆起。

舀起⅓湯匙的量。

**✴ 液體醬汁**

醬油（1）

醬油（0.5）

醬油（0.3）

舀滿一湯匙的量。

舀半湯匙的量，
露出湯匙邊緣一周。

舀起⅓湯匙的量。

# 紙杯計量示意圖

**湯底（1杯＝180ml）**
滿滿一杯。

**湯底（½杯＝90ml）**
裝滿半杯的量。

**麵粉（1杯＝100g）**
裝滿一杯，齊杯面。

**切碎蔬菜的量（½杯）**
裝滿半杯的量。

# 目測計量示意圖

**洋蔥**
**（¼顆＝50g）**

**白蘿蔔**
**（1段＝150g）**

**蒜苗（10cm）**

**花椰菜（½朵）**

**培根（1片）**

# 手測計量示意圖

**義大利麵（1束＝1人份）**
伸直大拇指後，食指圈起來
可以碰到拇指關節的程度。

**菠菜（1把）**
手掌能抓握的最大量。

**黃豆芽（1把）**
手掌能抓握的最大量。

# 其他名詞解釋

★ **少許** ▶ 少許鹽巴或胡椒粉，大約是食指與拇指掂捏的量。

★ **必要材料** ▶ 做菜時一定會用到的材料。

★ **選擇性材料** ▶ 可以加但不會對食物的味道產生太大影響的材料，可改為其他類似的材料或省略。

★ **調味料** ▶ 做菜時能夠提味的配料，例如蒜泥、辣椒醬、醋、糖等。

# PART 1

## 完美人妻Jasmine的
## 10分鐘快速早餐

　　我患有低血壓，要是太早起床，整天都會精神不振，所以我習慣前一晚就把早餐的食材，通通準備好，隔天早上只要稍微煮一下就能立刻上桌，通常準備的時間不會超過10分鐘。本單元將介紹給大家做出美味早餐的「快速料理訣竅」。

# 好吃・好準備的「早餐食材」

"

以下介紹我最喜歡的早餐食材，可以讓早餐菜色每天都有不同的變化，即使是新手下廚也不用怕，像是西式的早午餐、麵包搭配濃湯、附熱湯的韓式早餐、帶有各式小巧思的米飯類、三明治等，聽起來豐富多樣化，其實一星期下來只要準備幾樣食材即可，下面是料理快速早餐不可或缺的食材。

"

**＊番茄** 西方有一句諺語：「番茄紅了，醫生的臉就綠了。」由此可知番茄是對健康非常有益的食物，熟番茄可以直接生吃，用橄欖油炒過後，營養吸收率可提高9倍，做成番茄炒蛋，或是跟其他蔬菜一起炒過，放在麵包上吃就非常美味了！由於番茄味道酸甜可口，就算每天吃也不會覺得膩。

**＊肉類** 我設計的一週早餐中會有一天煮肉類料理，像是烤牛肉、烤豬肉、漢堡排，或者是煮肉湯，每週菜色都能推陳出新！我每星期都會先醃一斤的肉備用，等要煮的時候再直接解凍烹煮即可。

**＊醃蘿蔔與牛蒡** 由於一星期中會有一天做壽司、飯糰、魚卵飯、豆皮壽司、飯捲等一口早餐，這些餐點一定會用到醃蘿蔔與牛蒡。其實壽司就算只包醃蘿蔔也很好吃，大家一定要試試。

**＊海苔** 女兒很喜歡用海苔包東西吃，早餐準備壽司時，就算她忙著吹頭髮或穿衣服都會拿一塊先塞在嘴裡吃，可以使用一般包壽司專用的海苔，比較不容易破裂，若是要烤來沾醬油吃或做成飯糰、年糕湯、魚卵飯，使用岩烤海苔會更好吃。

**＊少用食材** 我不會準備生鮮、海鮮湯之類的菜色，因為這些料理味道很重，即使吃完立刻刷牙洗手，身上還是會有味道殘留，如果出門需搭電梯或大眾交通工具，這些食物最好能免則免。

**＊火腿、香腸** 家庭主婦只要有湯或泡菜就能吃飯，但是男人跟小孩可就不一樣了，飯桌上需要一些小菜才吃得下飯，家裡最好能儲備一些火腿、香腸，以防家裡小菜剛好吃光，鮪魚罐頭也是不錯的選擇。

**✽ 雞蛋** 雞蛋的料理方式簡單，加上是軟質食物，所以適合當早餐吃，忙不過來時一顆荷包蛋、一顆水煮蛋就能飽足。雞蛋的料理方式千變萬化，可做成炒蛋、蒸蛋、歐姆蛋等，也是煮蛋花湯和扁魚湯時不可或缺的早餐食材，記得隨時補貨防止雞蛋用完。

**✽ 麵包** 來不及煮飯或是剛好沒有食材的時候，可以用濃湯跟烤麵包代替。我會在一週中選一天準備麵包，或另外做三明治當點心，通常我會選購漢堡麵包或吐司，想轉換一下口味時，則改買法國麵包、馬芬或義大利脆皮麵包。

**✽ 新鮮蔬菜** 若沒有辦法每天炒菜，可以買一大包蔬菜，這樣一週7天都能吃到新鮮蔬菜了。我很喜歡買萵苣，切成絲後就可淋上沙拉醬或做成涼拌菜。

**✽ 洋蔥** 洋蔥能淨化血液，除了保存期限長之外，用途也很廣，可用來做烤肉的醃料，做漢堡排、三明治、吐司、炒飯等，煮濃湯時也能派上用場，拿來炒甜不辣、炒香腸、做涼拌小黃瓜，或搭配日式豬排跟牛排都很對味。

**✽ 小魚乾** 小魚乾是熬湯底的基本材料，也是做早餐的必備品，只要事先煮好一星期份的湯底冷凍起來，就能在短時間內完成好喝的年糕湯、湯餃、蛋花湯與味噌湯。

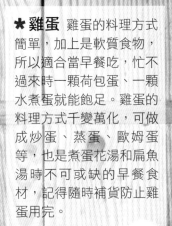

# 快速方便的「現成食材」

**\* 市售沙拉醬&
義大利甜醋醬**

很忙的時候偶爾必須以金錢
換取時間，手工自製的沙拉
醬保存期限短，必須盡快
吃完，買現成的則能夠長
期保存。

**\* 即溶濃湯包**

家中最好隨時備有保
存期限長的即溶濃湯
包，只要加入熱水就
有現成的濃湯喝，配
飯、配麵包都不錯，要
是加入打成泥狀的花椰菜或紅蘿
蔔一起煮，家人就能吃到幸福的滋味。將
濃湯倒在冷飯中放入烤箱，也能輕鬆做成焗
烤美食。

**\* 香鬆**

香鬆是女兒的「心頭好」，家裡冰箱隨時有它的蹤
影，光是拌飯吃就很美味。香鬆的口味琳瑯滿目，
可依個人喜好選擇。

**\* 微波白飯**

我曾經發生過早餐準備好後，打開電鍋才發現
忘了按炊煮鍵的烏龍事件，每個人多少都有過
這樣的經驗吧？突然急需一碗白飯或者是
飯吃不夠時，微波白飯都能立刻派上用

場，同樣的情形若發生
在晚餐時段或許可以重新
煮飯，但是早上沒有充裕的
時間，所以家裡記得買一些
微波白飯備用。

## ✱ 即溶味噌湯
即溶味噌湯含有豆腐、海帶和蔥等蔬菜，就算沒有高
湯、只有白開水，也能煮出像樣的味噌湯，由於我每個星
期有一天會準備飯糰、壽司或炒飯，這些菜色很適合搭配味
噌湯，因此家裡都會囤積一些。

## ✱ 果醬、奶油、奶油起司
早餐吃麵包時若能額外準備沙拉、火腿會有加分的效果，但
是如果時間不夠充分，也可以只準備奶油。真的忙不過
來時，我就會準備抹了果醬或奶油的麵包給孩子吃。

## ✱ 番茄醬&義大利麵
孩子們愛吃的義大利麵可以當作週末的早午餐，只要事先
買好整粒番茄罐頭、番茄糊與番茄塊罐頭，就能快速做出媲
美餐廳的餐點，義大利麵建議放在密閉的保鮮盒裡保存。

## ✱ 豆腐&麻婆豆腐調理包
豆腐很軟又好消化，是我經常會準備的早餐菜色。只要有豆腐
和市售的麻婆豆腐醬，就算沒有湯和其他配菜也可以在5分
鐘內煮出豐盛的早餐。

# 讓早餐更美味的「碗盤&用具」

## ✱ 創意容器

選購適合盛裝各類飯、麵、湯、西式料理等的碗盤，家裡最好能準備一些迷你鍋、造型有趣的湯匙、筷子與杯子，這些小巧思都能為沒有食慾的早晨，帶來一些小小的樂趣。

## ✱ 烤三明治機&壓模器

為了早上沒有食慾的家人，請盡可能準備各式豐富多變的早餐菜色，購買烤三明治機、三明治壓模器與壽司壓模器等器具，每天都能做出樂趣無窮的早餐。

## ✱ 保鮮盒&夾鏈袋

可將切好的肉類、蔬菜放在容器內保存，並將煮好的湯冷凍起來，隔天就能快速做好早餐。密閉性越好的容器可以延長食物的保存期限，這樣就不會造成食物浪費；使用透明的容器能輕易分辨內容物；醃好的肉類、魚類冷凍時，裝在夾鏈袋裡冰成薄薄的一包，可以更快解凍。

## ✱ 紙盒&袋子

沒時間吃早餐時，可以將食物裝在袋子裡隨手帶走，在車上、公司、上學途中爭取時間吃早餐，避免沒吃早餐導致午餐過量，因此家裡最好能隨時準備鋁箔紙、夾鏈袋、紙盒。

# 快速做早餐的小撇步

"

大部分的準備工作可在前一晚完成，常用的鍋具及食材等，盡量放在顯眼好拿的地方，有助於縮短料理時間，減少早餐的準備時間是第一要務。"

## Point ❶ 事先「洗米」

由於洗米大概需要10分鐘的時間，所以可**事先洗好3天份的米，裝在瀝水籃裡再放進冷凍庫冰起來**，若放在保鮮盒，底部的米容易壞掉。這樣的保存方式可讓米吸飽水分，也有助於縮短烹的時間。

## Point ❷ 煮好「大量高湯」

只要有小魚乾高湯，就能快速煮出美味的韓式大醬湯、蛋花湯、豆腐鍋、年糕湯。我會利用週末的時間，煮一星期份的小魚乾高湯，放進冰箱冷藏，大骨湯跟其他高湯煮好分裝在夾鏈袋裡，冷凍保存。

▶「小魚乾高湯」快煮2步驟

❶ 在鍋子裡放入10碗水和30尾小魚乾，晚上一邊洗碗、一邊煮。

❷ 洗完碗後把火關掉即大功告成。

> 即使熬煮的時間不夠久也沒關係，因為小魚乾高湯或肉類高湯若放到隔天早上，味道自然會變得更濃郁。

## Point ❸ 先把「菜」切好

利用週末一次切好7天份的菜，可以大大縮短準備早餐的時間。

**蒜苗&洋蔥** ▶蒜苗跟洋蔥可以**切碎、斜切、切絲處理後放進冰箱保存**，雖然會喪失部分原味，但好處是不會造成食物浪費。

**葉菜類** ▶通常是**切段**，若要做成炒飯可以切碎，放在保鮮盒裡保存。

**沙拉用蔬菜** ▶洗完瀝乾後**用手撕成想要的大小**，放進保鮮盒裡保存。

**烤肉用的牛肉與雞肉** ▶抹上少許的鹽巴、胡椒粉跟食用油後，以保鮮膜包起來放進保鮮盒裡保存，大概可以保存一個星期。

**花枝** ▶切成想要的大小，以**攤開的方式分批裝入容器冷凍起來**。

**冷凍肉類跟魚類** ▶前一晚可放進冷藏室，方便隔天解凍即時烹煮，要是早上匆忙將冷凍肉品放進微波爐裡解凍，會因為水分蒸發而變得不好吃。

## Point ❹ 將「切好的食材」跟「醬汁」事先做好保存

只需要用到兩、三種材料的醬汁可以當天再做，若需要用到許多材料，可以在前一天的晚上先做好。將切好的蔬菜、肉類跟醬汁放在一起，**記得放在冰箱顯眼處**，因為我曾經發生前一晚切好菜、做好醬汁，但是隔天一早卻忘記而重做的糗事。

# 把「晚餐變早餐」一樣好吃

66

是否覺得早上起來煮飯很辛苦？將前一晚吃剩的湯類、
肉、涼拌小菜變成隔日早餐的方法就在這裡！ 99

### ✱「蔬菜湯」變身「粥&炒飯」

若有吃不完的蔬菜湯、白菜醬湯、海帶
芽湯，可以冷凍保存，只要把白飯加進
去就能煮出好吃的粥品，倘若是雜菜湯
或海鮮湯，可以加入白飯做成炒飯。

### ✱「烤肉」變身「韓式拌飯」

若有吃不完的烤肉、排骨或湯，不要丟
掉、放進冰箱裡保存，第二天可以拿出
來跟飯一起拌著吃或做成炒飯，不費吹
灰之力也能做出美味的早餐。

### ✱「炒菜」變身「米飯煎餅」

同樣的小菜連吃兩天一定很膩，不妨花
點巧思讓這些小菜改頭換面。例如將小
菜切碎做成炒飯或拌飯，或者加一顆蛋
跟白飯一起做成米飯煎餅。

### ✱「零碎食材」變身「歐姆蛋」

把沒煮完的蔬菜、火腿、肉全放入保鮮
盒內，隔天可以拿出做成炒飯或湯；蔬
菜打成泥後，與市售濃湯一起煮就變成
可口的湯品（127頁）；或者把蔬菜、
番茄切碎做成歐姆蛋（133頁）。

# 調味醬

" 餐廳賣的食物味道都能維持高水平，關鍵就是店家事先做好調味醬並放置一段時間，經過發酵後味道會更加濃郁。"

## ★ 可快速做出開胃熱炒與涼拌菜的「韓式辣醬」

可以用在各式熱炒（炒甜不辣、辣炒花枝）與涼拌菜（涼拌螺肉、涼拌蔬菜、拌麵），熱炒時可調整口味鹹淡，做涼拌菜時請再多加一些醋、芥末和芝麻油。

必要材料 水½杯、醬油½杯、紅糖⅔杯、辣椒粉1½杯、蘋果½顆、洋蔥2顆、蒜泥（2）、鹽巴（2）、芝麻少許

❶ 將水½杯、醬油½杯、紅糖⅔杯、1杯辣椒粉放進鍋子裡加熱攪拌。
❷ 把蘋果和洋蔥打成泥後加入。
❸ 陸續放入½杯辣椒粉、蒜泥、鹽巴、芝麻，攪拌均勻後即完成。

## ★ 適用於各式熱炒的「醬油調味醬」

能立刻做出炒甜不辣3片、炒豆腐½塊、炒馬鈴薯1顆等料理。

必要材料 糖（1）、醬油（2）、清酒（2）、水（2）、生薑粉少許
選擇性材料 辣椒粉（1），芝麻油（1），芝麻（1）

❶ 把所有材料放入鍋子裡熬煮即完成。

## ★ 快速做出涼拌菜的「生菜醬」

建議可以依照30片生菜葉配1條黃瓜的分量準備保存。

必要材料 糖（0.5）、辣椒粉（1）、醬油（2）、水（2）、醋（1）
選擇性材料 蔥、蒜泥、芝麻油少許

❶ 將所有材料充分混合即可。

## ★ 能做包飯、配肉的「美味沾醬」

可以直接拌白飯吃，或當生菜、生辣椒的沾醬，若做成包飯也可以順便帶便當。

必要材料 韓式味噌醬1杯、青辣椒1條、小魚乾高湯1杯、洋蔥¼顆、蒜頭（1），蜂蜜（2）、梅子露1½杯、芝麻油（1）
選擇性材料 豆腐¼塊、馬鈴薯½顆、螺肉1把

❶ 將所有材料丟下鍋裡稍微煮過即完成。

## ★ 可用來炒肉、包飯、拌飯的「萬能醬料」

搭配烤肉一起吃非常美味，或加在拌飯裡、煮辣炒年糕、紅燒豆腐時調味。

必要材料 芝麻油（2）、洋蔥⅓顆、碎牛肉1杯、蒜泥（1）、辣椒醬2杯、糖漿¼杯、糖¼杯、芝麻（少許）

❶ 熱鍋後加入芝麻油，放入洋蔥泥、碎牛肉、蒜泥後拌炒。牛肉炒熟後加入2杯辣椒醬攪拌均勻。
❷ 放入糖漿¼杯、糖¼杯、5杯水後，灑上芝麻粒即完成。

# 美味清爽的「開胃小菜」

接下來要介紹可以長期冷藏，又能現做現吃的即食小菜。

## ★ 含有豐富蛋白質的 滷鵪鶉蛋

必要材料 鵪鶉蛋20粒、胡椒粉少許

選擇性材料 紅辣椒1條　調味料 糖（1）、醬油（5）、清酒（2）

❶ 鵪鶉蛋煮熟後把殼剝掉。
❷ 調味料、1杯水、紅辣椒、胡椒粉放進鍋中煮。
❸ 水滾之後放入鵪鶉蛋，稍微煮一下。煮好後放置一天入味。

## ★ 香醇入味的 滷牛肉

必要材料 牛肉600g、胡椒粒10粒、蒜苗10cm

調味料 醬油1杯、清酒½杯

❶ 把牛肉、胡椒粒、蒜苗放進鍋子裡，水加到蓋過牛肉後開始煮。
❷ 煮開後轉小火，煮至筷子可以輕易戳進牛肉為止。
❸ 把煮好的牛肉取出，用手順著牛肉上的紋路撕開，或者用刀子按照紋路的反方向切絲。
❹ 湯汁放涼後，將浮在上面的油、蒜苗、胡椒粒撈起來。
❺ 倒一杯高湯到調味料裡煮，煮開後放入牛肉再煮一次。煮好後放置一天使牛肉入味。

## ★ 西式餐點及三明治必備的 醋醃蔬菜

必要材料 小黃瓜1條、白蘿蔔1杯、芹菜2支、紅、黃甜椒1杯、洋蔥1顆、青花椰菜¼朵、白花椰菜¼朵

醃醬 糖1杯，鹽（2）、醋1杯、醃漬辛香料½杯、月桂葉5片、水2杯

❶ 小黃瓜切成一口大小，白蘿蔔切成大約手指頭的長度，芹菜切段。
❷ 甜椒、洋蔥也切成一口大小，青花椰菜和白花椰菜切成小朵。
❸ 將蔬菜放進消毒過的玻璃瓶裡備用。醃醬煮開後趁熱倒進玻璃瓶裡。
❹ 醃醬冷卻後將玻璃瓶蓋上，接著將玻璃瓶顛倒放置。

## ★ 跟肉非常對味的 蘿蔔醬菜

必要材料 白蘿蔔½個、小黃瓜1條、洋蔥1顆、辣椒10條

醃醬 水或燒酒1杯、醬油1½杯、糖1杯、醋1杯

❶ 將所有蔬菜切成一口大小。
❷ 將切好的蔬菜丁放進消毒過的玻璃瓶裡。
❸ 醬料煮開後倒入玻璃瓶內即完成。

## ★ 可用來做豆皮壽司、捲壽司的 糖漬牛蒡

必要材料 牛蒡300g　選擇性材料 糖漿（2）

醃醬 糖（1）、醬油（6）、清酒（6）、水（6）、生薑粉少許

❶ 可以買現成的牛蒡絲，或者是整根的牛蒡自己切絲。
❷ 將醃料倒進鍋裡稍微煮過。放入牛蒡絲和水，稍微攪拌煮過後即完成。

## ✱ 酸酸甜甜的開胃 涼拌醃蘿蔔小黃瓜絲

必要材料 白蘿蔔10cm、小黃瓜½條、鹽巴（0.2）
醃醬 辣椒粉（1）、醋（2）、糖（1）、芝麻油少許、芝麻粒少許

❶ 白蘿蔔切絲後將水分擠乾。
❷ 小黃瓜切絲，加入鹽巴拌勻後將水分擠乾。
❸ 將白蘿蔔絲、小黃瓜絲放進容器內，加入醃料拌勻後灑上芝麻粒即完成。

## ✱ 含有豐富鈣質的 炒小魚乾

必要材料 小魚乾2杯、蒜頭3瓣、辣椒2條、醬油（1）、糖（2）

❶ 平底鍋不倒油，將小魚乾稍微炒過。
❷ 蒜頭切片，辣椒斜切。
❸ 鍋內倒油，放入蒜頭片和辣椒，以中火炒過後再放入小魚乾。
❹ 將火轉為小火，加入醬油、糖，快速翻炒後即完成。

## ✱ 可以變身成蓋飯、炒飯的 炒泡菜

必要材料 泡菜半顆、糖（4）、芝麻油（2）

❶ 將泡菜鋪平後切碎。
❷ 平底鍋裡倒入油（3），放入泡菜丁跟糖，以中火炒2分鐘。
❸ 加入1杯水，讓泡菜煮軟一點。
❹ 加入芝麻油後拌勻即完成。

若是覺得味道太淡，可以加一點鮮味炒手或鰹魚粉（1）。

## ✱ 韓國小吃店人氣第一的 辣醬魷魚絲

必要材料 魷魚絲3杯、美乃滋（2）
醃醬 辣椒醬（3）、辣椒粉（1）、醬油（1）、醋（1）、糖漿（2）、糖（1）
蒜泥（1）、芝麻油少許、芝麻粒少許

❶ 將魷魚絲切成想要的長度，用美乃滋拌過。
❷ 把醃料倒在鍋裡，以小火稍微煮一下。
❸ 放入魷魚絲，快速均勻攪拌即完成。

## ✱ 增添飯糰口感的 自製海苔鬆

必要材料 大片岩烤海苔或紫菜海苔10張
調味料 芝麻油（2）、醬油（2）、糖（1）、食用油（2）

❶ 去除海苔上的雜質後，放進塑膠袋裡捏碎。
❷ 加入調味料輕輕攪拌，把纏在一團的海苔分開即可。

海苔不必烤過。

# PART 2

# 「6大快速早餐」
# 營養滿點！

現代人不愛吃早餐，最大的原因是「晚睡」。睡眠不足時，早上會沒胃口吃飯，也會因貪睡而沒時間吃。每天早上媽媽準備一桌豐盛早餐的情景已經很少見了，現代人幾乎沒機會吃到過去那種澎湃的早餐。要是早上餓肚子工作，中午勢必會暴飲暴食，這樣的飲食習慣會對身體造成負擔，而且也容易發胖。

既然時代已經變遷，那麼早餐的內容也會有一些變化吧？接下來要介紹現代媽媽們票選出的6大快速早餐。

甜甜的、簡單飽足的

# 脆皮蜜糖年糕

年糕富有飽足感，很適合當早餐吃，超市或大賣場都有販賣零散包裝的年糕，買回家後可以先冷凍，等哪一天剛好沒有食材做早餐時，就可以拿出來獻獻寶。

在前一晚就準備好 ☆ ☽

**1人份**
**必要材料**
糯米糕2個
糖少許

如果前一晚忘記拿出來解凍，當天再用微波爐加熱1分鐘就OK囉！

1 前一晚睡前將年糕拿出來解凍。

10分鐘快速早餐

2 開小火熱鍋，倒少許油後，把年糕放進鍋裡煎。

搭配小菜一起享用也很好吃！

3 用湯匙以按壓的方式煎，等兩面呈金黃色時起鍋，最後灑上一些糖即可。

有時候會遇到家裡沒米的窘境，為了應付這種緊急情況，建議家裡要隨時備有一包鍋巴應急。

怎麼搭配都好吃的

# 好消化鍋巴粥

如果不想吃現成的鍋巴也可以自己煮,做法是先把冷飯鋪在鍋子裡,倒一杯水後開小火慢煮即可。若想縮短早上的準備時間,可以前一晚先倒一些水在鍋巴上。

**2人份**
**必要材料**
鍋巴1杯

**選擇性材料**
海苔絲、芝麻粒少許

**調味醬**
醬油(2)、芝麻油(1)

1 在鍋子內加3杯水與鍋巴,開中火熬煮。

## Tip

建議將鍋巴分成一小包一小包冰起來,也可以購買現成鍋巴,只要加點熱水就可以馬上吃。

加一點海苔絲更好吃!

搭配醬菜、醃漬物也很對味!

2 煮到鍋巴變軟即可。

3 裝在大碗內加快鍋巴冷卻速度,最後加入調味料和芝麻粒即完成。

> 如果你很堅持一定要吃早餐，那家裡最好隨時
> 都有牛奶和麥片，若能搭配水果一起吃更棒。

## 營養滿分、口感豐富的
# 水果麥片早餐

我曾經直接把牛奶加入麥片裡，等要吃的時候麥片早就泡軟了，結果被女兒抱怨了一下。後來我都會把牛奶和麥片分開放，讓要吃的人自己加。

**1人份**
**必要材料**
牛奶1杯、麥片1杯

**選擇性材料**
草莓2顆

1 將牛奶倒入碗裡。

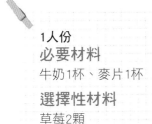

把麥片放進密閉容器內存放能避免受潮。

2 依個人想吃的分量，將適量的麥片倒進碗裡。

把酸酸甜甜的水果切成適口大小，一起配著吃也很棒！

3 加入水果切片即完成。

> 我在女兒上高中第一天準備了一桌豪華早餐，但她終究還是餓著肚子出門。高中要提早到校，往後三年都沒什麼機會能夠坐下來好好吃一頓早餐，所以之後我便準備可以讓女兒帶著走的「手指食物」。

# 大人、小朋友都很愛的
# 醬油壽司&味噌湯

放在乾平底鍋裡烤受熱比較平均。

**1人份**
**必要材料**
岩烤海苔1片、白飯½碗

**選擇性材料**
即溶味噌湯½包

**醬油調味料**
醬油（0.3）
芝麻油（0.3）

1 海苔用平底鍋稍微烤過。

2 製作醬油調味料。

用杯子好方便！

3 把白飯鋪在海苔上，淋上一些醬油調味料。

4 用海苔把飯捲起來，以剪刀剪成小段。

5 將味噌湯包倒在馬克杯裡，倒入熱水即可。

## Tip
家裡可以準備一些即溶味噌湯包，只要倒入熱水就能立刻享受熱呼呼的味噌湯。

甜甜的果醬直接抹在吐司上，雖然簡單卻可以帶來一整
天的好心情，方便快速又不會餓肚子。這是大人吃了會
憶起童年時光、小孩絕對不會拒吃的甜蜜夾心早餐。

## 快樂星期五早餐
# 一口果醬吐司

每當我睡過頭就會出動吐司來救急，早餐只準備吐司給小孩吃應該還不至於被警察抓去關，如果孩子沒時間吃，就把吐司放在夾鏈袋裡塞進孩子的書包。

**1人份**
**必要材料**
奶油少許、吐司2片、
草莓果醬少許

**選擇性材料**
牛奶1杯

1 在平底鍋加入奶油，將吐司煎到呈金黃色。

如果不抹果醬也可灑一些糖粉！

2 抹上果醬後，將吐司對折。

3 將吐司對切，再倒一杯牛奶即可享用。

> 洗完米後忘記按預約炊飯也不能讓早餐開天窗，為了
> 應付這種突發狀況，我一定會準備一些現成食物。

# 來份早晨的下午茶吧！
# 起司蛋糕&水果早餐

有時候我也會刻意買些蛋糕或麵包當第二天的早餐。為了表現為娘的誠意，我也會用一點小心機，例如故意問孩子「媽知道妳喜歡吃麵包對吧？」

**1人份**
**必要材料**
起司蛋糕1片
當季水果
牛奶或咖啡 1 杯

1 把麵包或蛋糕切成小片。

2 水果洗乾淨後，切成適口大小，用竹籤串起來。

3 麵包和水果擺盤，再端出牛奶或咖啡即完成。

# PART 3
# 我的早晨
# 21道幸福提案！

　　週末總會打亂我們一整個星期的生活節奏，譬如利用週末補眠，外出去餐廳吃飯或叫外送，過得比較悠閒懶散。於是乎，對家庭主婦、學生、上班族而言，要在星期一早起成了格外辛苦的事情，而且也會特別沒有食慾。

　　所以，星期一的早餐最好能「食材簡單」、「容易做」、而且「方便吃」。可以充分利用週末準備未來一週早餐的材料，事先將食材切成適合的大小，烤肉、咖哩、漢堡排等料理也事先做好，分成小包保存，這樣接下來的一週就能輕鬆做早餐了。

# 蛋皮香鬆飯

**1人份**
**必要材料**
白飯1碗、醋（0.3）、糖（0.2）、
鹽巴少許、香鬆（3）

**選擇性材料**
芝麻葉2片
蛋皮（1顆雞蛋的量）

可以先把
醋、糖、鹽巴
拌勻後再放進
白飯裡。

1 把醋、糖、鹽巴加入熱呼呼的白飯裡調味。

2 白飯捏成適口的大小。

3 滾上香鬆後，可以包在芝麻葉或蛋皮裡吃。

*Tip*

香鬆口味眾多，可到便利商店或超市選購，有
蔬菜、海鮮、鮭魚、飛魚海苔、起司等口味。

# 小學生也會做的早餐
# 蔬菜濃湯&營養吐司

即溶濃湯是快速做早餐必備的囤積品，也可以加入花椰菜泥或紅蘿蔔泥，增添早餐的營養和口味豐富性。

**1** 鍋內加半杯水、即溶濃湯⅓包，以小火煮開。

**2** 濃湯起鍋後，放進開口較寬的碗裡加快冷卻速度。

**3** 吐司用平底鍋稍微乾煎。

把吐司切丁加在濃湯也好吃！

**4** 當季水果洗淨後切片，可用來配濃湯和吐司。

1人份
**必要材料**
即溶濃湯⅓包、吐司1片、當季水果（適量）

# 忍不住多吃好幾碗的
# 芝麻香炒蛋飯

這道樸素簡單的炒飯讓人想起小時候吃豬油拌飯的
回憶，只要端上桌，家人三兩下就能扒光一碗飯。

**1人份**
**必要材料**
雞蛋1顆、白飯½碗、醬油（1）、
芝麻油（0.5）、芝麻粒少許

**1** 熱鍋後倒油，打一顆蛋。

雞蛋若煎得過久會變硬而失去原有風味，要盡量縮短翻炒時間。

**2** 把蛋混合，轉小火炒蛋。

包在烤過的海苔裡更好吃！

**3** 把飯、雞蛋裝在碗裡，以醬油、芝麻油調味後，灑上碎芝麻粒即可。

星期一早餐必須製作方法簡單、而且可以快速吃完。我以前曾經到餃子店吃飯，店裡湯餃的湯頭非常鮮美，吃餃子像吃麵條一樣呼嚕嚕很容易下肚，因而給了我自己在家煮湯餃的靈感。湯餃起鍋盛碗時不要盛太多湯，最好放涼一段時間以免燙口。

# 呼嚕嚕好下肚的
# 蛋花海帶湯餃

**2人份**
**必要材料**
海帶1片、蔥1段、雞蛋1顆、水餃20粒
**調味料**
醬油（2）、醋（2）

1 把1杯半的水和海帶放入鍋子煮。

2 切蔥花，打一顆蛋。

3 製作調味料。

4 水滾後把海帶撈起，放入水餃，一直煮到水餃皮呈半透明。

5 沸騰後關火，灑上一些蔥花。

用筷子邊攪動邊倒入蛋液，用餘熱將蛋煮熟。

6 把水餃、水餃湯倒在大碗裡，依個人喜好加入調味料。

## 雞蛋最柔嫩的吃法
# 美式炒蛋早餐

以前孩子的同學來家裡玩時，我總會端出炒蛋當點心，聽說他們現在偶爾還會想起這道菜呢！

1 把蛋液、牛奶混合，加鹽巴攪拌均勻。

2 倒油熱鍋後轉小火，倒入蛋液。

3 蛋開始變熟時，用筷子快速攪動繼續炒1分鐘。

配飯、配吐司都好吃！

4 炒蛋裝盤後淋上番茄醬與美乃滋即完成。

1人份
**必要材料**
雞蛋2顆、番茄醬（1）、
美乃滋（1）

**選擇性材料**
牛奶（4）、鹽巴少許

# 奶油起司貝果

如果不曉得該準備什麼口味的貝果三明治給孩子
吃，奶油乳酪會是最佳的選擇，小朋友愛極了！

**1人份**
**必要材料**
貝果1個
奶油乳酪（2）
果汁1杯

1 將貝果對切。

2 以中火稍微將貝果熱過。

3 將奶油乳酪塗在貝果上，
一起端出果汁即完成。

*Tip*
貝果和奶油乳酪可在量
販店買到，貝果請冷凍
保存。

突發奇想的巧思早餐

# 清爽米飯蒸蛋

我某天靈機一動把飯直接加在蒸蛋裡，居然意外地好吃！準備的人輕鬆，吃的人也方便。

1 打一顆蛋加1杯半的水打勻，以鹽巴、胡椒粉調味。

2 把飯、蛋液倒入小鍋子。

在小鍋子下方墊毛巾，水滾後就不會有碰撞的聲音。

3 將小鍋子放進大鍋子內隔水加熱，鍋蓋要蓋上。

4 水滾後放入蔥花，轉小火繼續悶煮10分鐘即完成。

1人份
**必要材料**
雞蛋1顆、鹽巴（0.2）、胡椒粉少許、白飯½碗

**選擇性材料**
蔥花少許

# 無負擔、好滋養的
# 排毒蓮藕粥

早餐來一碗粥，最適合忙碌的星期一了。週末先將
蓮藕粥煮好，要吃時一人份加1～2匙的水加熱即可。

**4人份**
**必要材料**
蓮藕½個、芝麻油（1）、
白米1杯、醬油（⅓）、
鹽巴少許

1 將蓮藕削皮後刨成絲。

百米事先用水浸泡過，會更快熟透。

2 鍋內加入芝麻油後，放入
蓮藕、白米和煮湯用醬油
炒過。

沒時間時可直接加1碗飯、2杯水、蓮藕一起煮。

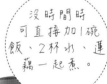

3 倒入5杯水一直煮到白米膨
脹變軟，最後以鹽巴調味
即完成。

66 46頁提到把飯直接加在蒸蛋裡的作法,其實同樣的作法也可以用來煮南瓜粥,將白飯和南瓜放在一起煮即可。南瓜粥除了能吃得飽、作法也很簡單,而且只要洗一個碗就可以。99

只要一碗就飽足的
# 金黃南瓜粥

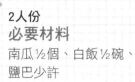

**2人份**
**必要材料**
南瓜½個、白飯½碗、
鹽巴少許

事先加熱過的南瓜皮會變軟比較好刮除，可以省下不少時間！

1 南瓜放進微波爐或電鍋裡加熱至軟熟，再用湯匙把南瓜籽挖出。

2 將南瓜皮削乾淨。

注意米飯不要攪得過爛！

3 熟南瓜切丁。

4 把南瓜丁放進鍋子加2杯水用中火煮，煮到南瓜肉完全變軟。

5 用攪拌器連同煮南瓜的水攪成泥後，拌入米飯。完成後再稍微煮過，最後加入鹽巴調味即完成。

# 在家就能品嚐人氣美食
# 涼拌萵苣香腸

香腸先用滾水燙過，色素跟添加物就會減少許多，
搭配酸酸甜甜的涼拌菜，就有優雅吃西餐的氣氛。

1 香腸以滾水汆燙過後取
出，切成適口的大小。

2 萵苣洗淨後把水瀝乾，切
成絲。

不要一次
全部倒入，
要邊倒邊試
味道。

3 把萵苣絲放進容器內，加
入調味醬後均勻攪拌。

4 將涼拌萵苣、香腸擺盤，
放一點蛋黃醬在上面。

2人份
## 必要材料
法蘭克香腸2條、萵苣8片、蛋
黃醬少許

## 調味醬
糖（1）、辣椒醬（1）、醬油
（2）、醋（2）、芝麻油少許

# 佛卡夏麵包佐油醋醬

佛卡夏麵包與義大利油醋醬的熱量很低，是養生飲
食的熱門餐點，另可嘗試多種不同麵包的口感。

**1人份**
**必要材料**
佛卡夏麵包1個

**選擇性材料**
當季水果或沙拉

**義大利油醋醬**
橄欖油（2）、油醋醬（1）

1 將佛卡夏麵包或吐司用烤
箱烤過。

2 將橄欖油倒在小碟子內，
中央滴入義大利甜醋醬。

3 水果切成適口大小後擺盤，
搭配牛奶或咖啡。

> 當你再也不知道該煮什麼早餐，點子已經山窮水盡時，建議可以到賣場或超市慢慢逛一圈，看看最近有什麼新產品，這樣就會有靈感了。我在好奇心驅使下買的「咖哩烤餅」DIY組合深受孩子歡迎，所以我偶爾會把它充當早餐菜色，另外還有許多DIY套組也很值得嚐鮮。

# 來份超市牌異國早餐！
# 香濃咖哩烤餅

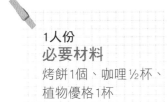

**1人份**
**必要材料**
烤餅1個、咖哩 ½ 杯、
植物優格1杯

1 將烤餅或吐司放在平底鍋裡稍微
　煎熱。

也可以
用鍋子熱
一下！

2 把咖哩盛在小碗內，放進微波爐
　裡加熱。

3 烤餅和咖哩分開裝盤，倒一杯植
　物優格後即完成。

*Tip*
在大型超市裡可以買到做
好的烤餅和咖哩料理包，
當然也有DIY式的組合包。

66

大家都知道牛肉蓋飯是日本美食吧？牛肉的湯汁滲進
白飯裡，白飯會變得非常順口好吃，所以雀屏中選成
為早餐最佳菜色！肉記得要事先醃好才能縮短當天的
準備時間，也可以買已經醃好的肉。 99

# 飽足牛肉蓋飯

**2人份**

**必要材料**
洋蔥¼個、醃牛肉1杯、
雞蛋1顆、白飯1碗

**選擇性材料**
蒜苗1段

**湯底材料**
海帶1片、柴魚（2）、
醬油（1）、清酒（1）

1 鍋內加2杯水，放入海帶煮5分鐘後撈起。

2 把柴魚放在網杓上或裝在茶葉袋裡煮5分鐘撈起後，加入醬油、清酒調味。

3 洋蔥切絲。

4 把2杯湯底和牛肉、洋蔥絲倒進鍋子裡煮。

5 打一顆蛋，蛋熟後就可以起鍋，裝盤後擺上蒜苗絲即完成。

## 延伸菜色

### 入味醃牛肉

**必要材料**
洋蔥1個、牛肉絲或牛肉片600g

**調味醬**
糖（3）、醬油（10）、清酒（4）、洋蔥泥（1顆分量）、蔥末
（1.5）、蒜泥（1.5）、芝麻油（2）、胡椒粉、芝麻粒皆少許

❶ 先製作調味醬，洋蔥切絲。
❷ 攪拌牛肉、洋蔥絲與調味醬，靜置30分鐘以上。

法式吐司是小時候媽媽經常做給我吃的點心，口感非常柔軟，適合當作早餐吃，搭配水果還能順便補充維他命。這是外面咖啡店會出現的早午餐餐點，現在，在家就可以享用！

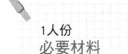

好吃得沒話說！柔嫩可口的
# 甜心法式吐司

**1人份**
**必要材料**
雞蛋1顆、牛奶（2）、
吐司1片、奶油（1）、
糖粉（1）

**選擇性材料**
肉桂粉少許、草莓2顆

1 將雞蛋打入牛奶中，攪拌
均勻。

2 吐司對切，讓吐司充分沾
上蛋液。

3 熱鍋後放入奶油，奶油融
化後開始煎吐司。

4 灑上糖粉及肉桂粉。

5 放上草莓即完成。

週末全家人通常會上館子吃高熱量食物，或三餐不正常，因此星期一最好準備容易消化的粥，記得上桌前先冷卻才不會拖延吃飯的時間！

# 讓腸胃休戰一下！
# 輕食鮮蔬粥

**2人份**
**必要材料**
切丁蔬菜1杯、芝麻油（1）、
白飯1碗、烤海苔½張

**調味醬**
醬油（2）、芝麻油（1）、
搗碎的芝麻粒少許

1 將南瓜、馬鈴薯、洋蔥、
紅蘿蔔等蔬菜切成小丁。

2 在鍋內倒入芝麻油後，以
中火翻炒。

3 加入2杯水與白飯，以中
火繼續煮。

就算只是煮
白粥，加調味
醬跟海苔就非
常好吃了！

4 煮至飯粒變軟後，將火
關掉。

5 起鍋後加點捏碎的海苔，
配上一碟小菜。

66
買一包鬆餅粉放在家裡，可隨時拿來做早點或點心，
以前我習慣在鬆餅上淋一些果糖，市面上也有販售楓
糖漿跟煎餅專用的糖漿，若想讓鬆餅看起來更可口，
不妨用鮮奶油裝飾或者放水果在上面。99

# 用「煎」的也很好吃！
# 水果楓糖鬆餅

**2人份**
**必要材料**
雞蛋1顆、鬆餅粉250g、
果糖（2）

**選擇性材料**
鮮奶油（適量）
當季水果（適量）

以小火熱鍋，為防止鬆餅沾鍋，可用紙巾沾食用油後潤一下鍋底。

**1** 把蛋打勻。

**2** 在蛋液中加入鬆餅粉，用打蛋器攪拌到沒有結塊的狀態。

**3** 舀一匙麵糊在鍋中，讓煎餅形狀呈圓形。

**4** 用小火煎，表面冒出氣泡時翻面。

**5** 裝盤後淋上一些果糖，以鮮奶油和水果裝飾。

擠壓式的鮮奶油非常方便好用！

跟一般的泡菜豆腐鍋比起來，這道豆腐湯口味清
爽，對健康不會造成負擔，也不必另外準備一碗白
飯，就能吃飽又吃得巧。早上迅速煮好高湯的秘訣
是前一晚事先煮好。

早上讓味覺甦醒的
# 清甜營養
# 豆腐湯

2人份
**必要材料**
蒜苗5cm、小魚乾5尾、豆腐1塊

**調味料**
辣椒粉（1）、醬油（2）、蔥（1）、
蒜泥（1）、芝麻油少許

使用板豆腐或嫩豆腐都可以！

在前一晚就準備好

1 先調好調味料，將蒜苗斜切。

2 鍋內加2杯水和5尾小魚乾煮5分鐘，水滾之後把小魚乾撈起就可以跑去睡覺。

加入一點捏碎的海苔也不錯！

10分鐘快速早餐

3 把豆腐、蒜苗放進高湯裡，用大火滾煮2分鐘。

4 起鍋後稍微放涼，跟搭配的調味料一起上桌。

## 炎炎夏日不喝湯！
# 芝麻葉包午餐肉飯

炎炎夏日也可以做出清爽料理。偶爾吃午餐肉有助提振精神，芝麻葉的味道則能解油膩。

可改成培根或五花肉。

**1** 午餐肉（參考171頁）切成0.5cm厚。

**2** 用小火油煎午餐肉。

**3** 芝麻葉洗淨後，以廚房紙巾擦乾。

也可以沾著辣椒醬吃

**4** 芝麻葉上放一匙白飯和一片午餐肉，包起來即可。

**2人份**
**必要材料**
午餐肉½罐
芝麻葉10片
白飯2碗

# 在家就能吃 Brunch！
# 悠閒美式早餐

美式早餐除了方便準備以外、營養價值也高，早餐
不一定要吃米飯，西式早點也是不錯的選擇！

**1人份**
**必要材料**
吐司或小圓麵包1個、雞
蛋1顆、培根2片、番茄
⅓顆、咖啡1杯

1 把吐司煎過。

煎培根
時，用紙中
蓋住可防止
濺油。

2 以中火煎蛋，平底鍋另一
邊可以煎培根。

把蛋和培
根放在吐司
上捲起來吃
也很棒！

3 把吐司、荷包蛋、培根裝
盤，可以佐番茄切片與一
杯咖啡。

# 配料豐富滿滿的
# 日式軟嫩蒸蛋

想在家做出口感媲美嫩布丁的蒸蛋，秘訣在於蛋液要過篩，蒸的時候將鍋蓋蓋上就能防止氣泡產生。

1　蛋加1杯水打勻後，放入鹽巴調味。

2　將蛋液過篩去掉白色卵帶，倒入鍋子蓋上鍋蓋。

*若沒有碗蓋也可用鋁箔紙代替。*

3　在鍋子倒入2大碗水，用大火蒸煮。

4　水滾後轉小火，蓋上鍋蓋悶5分鐘熄火，加點蔥花或蝦仁後，蓋上碗蓋與鍋蓋悶5分鐘即完成。

1人份
**必要材料**
雞蛋1顆、鹽巴
（0.4）、蔥1段

**選擇性材料**
蝦仁2尾、喜歡
的食材

## 孩子們的活腦早餐
# 綜合堅果粥

堅果可以替孩子補腦，並可預防疾病，在白飯裡加
一些堅果泥煮粥就很美味，做法非常簡單。

**2人份**
**必要材料**
堅果類½杯、白飯1碗、鹽巴少許

**選擇性材料**
黑芝麻（1）

1　搗碎核桃、杏仁等堅果。

2　搗碎的堅果連同黑芝麻、
　　白飯、2杯水放進調理機裡
　　打成泥。

搭配白
泡菜也很
對味！

3　把堅果泥倒在鍋子裡，煮
　　到白飯軟爛，最後再以鹽
　　巴調味。

# PART 4

# 挑戰味蕾！
# 偶爾也換換新口味

是否覺得早上開火煮料理很費事？我蒐集了一些能快速做好湯品跟配菜的方法，打破傳統，只要把食材通通裝進一個碗裡也能打造出讓人滿意的豐盛早餐！

本單元也介紹了一些簡單、能夠快速完成的醬汁與調味醬，如果沒時間自己調製醬料，買現成的醬料也不失為一個好方法。另一方面，由於當季蔬菜的營養價值最高，大家也可自己調配做出季節早餐。

# 爸爸的最愛！5分鐘就能上桌的
# 麻婆豆腐燴飯

最好吞嚥的食材非豆腐和雞蛋莫屬！我試著買調理包煮麻婆豆腐，結果不到5分鐘就完成了。

1 豆腐切小丁。

**2人份**

**必要材料**
豆腐1塊、麻婆豆腐調理包2包、白飯1碗

**選擇性材料**
豬絞肉（2）、碎洋蔥丁（1）、罐頭玉米（1）

2 用小火煮麻婆豆腐調理包，滾了之後加入豬絞肉、洋蔥和玉米粒。

3 洋蔥熟透後加入豆腐，煮到食材入味為止。

4 將白飯、麻婆豆腐裝盤。

# 菠菜湯 & 炒甜不辣

炒甜不辣的調味醬也適用於炒小魚乾、鵪鶉蛋、豆
腐等，煮的時候多做一些放在冰箱保存即可。

**2人份**
**必要材料**
洋蔥¼個、辣椒1個、甜不辣3片

**調味醬**
糖（1）、醬油（2）、清酒（2）、
水（2）、薑粉少許

**調味**
芝麻油少許、芝麻粒少許

**1** 洋蔥切絲，辣椒斜切，甜
不辣切成適口大小。

**2** 把調味醬倒入平底鍋裡用
大火煮。

**3** 放入洋蔥稍微炒過。

**4** 陸續放入辣椒跟甜不辣後
轉中火炒，起鍋前加芝麻
油和芝麻粒即可。

★菠菜湯作法請參考85頁。

**"** 就算是早上沒有食慾的人，看到新奇的食物也會想嚐一口，孩子特別喜歡外觀與眾不同的食物。可以充分利用前晚吃不完的菠菜、炒南瓜、炒甜不辣，或者放入把水分擰乾的泡菜丁、醃蘿蔔，做成小巧可愛的培根包飯。**"**

# 菠菜培根包飯

**2人份**
**必要材料**
菠菜½杯、芝麻油（1）、白飯1碗、培根7片

1 菠菜切碎，加入芝麻油和白飯拌勻。

2 把菠菜飯捏成小圓筒狀，寬度與培根相符。

3 把飯丸子放在培根上捲起來，用牙籤固定。

> 先煎培根頭尾的接合處，等固定之後再轉向。

# 美味黃豆芽湯

4 熱鍋後以中火油煎。

5 起鍋後用紙巾吸油，把牙籤拿掉即完成。

**2人份**
**必要材料**
小魚乾5尾、黃豆芽1把、
蔥1段、蒜泥（0.3）、
蝦醬少許

1 鍋內加2杯水，放入小魚乾後煮5分鐘，然後把小魚乾撈起。

2 黃豆芽洗淨後除去水分，蔥切花。

3 將黃豆芽放進高湯，大火煮10分鐘，再放入蒜泥、蔥花與蝦醬即可。

現代人生活忙碌，早餐幾乎都用麵包跟咖啡草草解決，不過堅持早餐一定要吃到飯、喝到湯的人也為數不少。接下來要介紹的馬鈴薯湯和涼拌小黃瓜蟹肉是充分利用冰箱剩餘食材的料理，而且能快速完成，味道清爽，非常適合拿來當早餐。

# 馬鈴薯蛋花湯

**2人份**
**必要材料**
馬鈴薯1顆、蒜苗白色的
部分5cm、雞蛋1顆

**調味**
蒜泥（0.3）、鹽巴少
許、胡椒粉少許

1 將馬鈴薯切成半圓形，
蒜苗白色的部分斜切。

2 鍋內加3杯水煮馬鈴薯，
一直煮到呈透明狀。

一邊倒入蛋
液一邊慢慢攪動
筷子，不讓蛋花
結成一團，口感
比較軟嫩。

3 加入蒜泥、蒜苗、鹽與
胡椒粉調味。

4 一邊倒入蛋液一邊用筷
子攪動，煮1分鐘後把
火關掉，利用餘熱將蛋
花悶熟即完成。

# 涼拌小黃瓜蟹肉

小黃瓜會
出水，請在
食用的前一
刻拌勻。

使用蟹肉
棒或蟹肉都
可以！

**2人份**
**必要材料**
小黃瓜⅓條、蟹肉棒2個
**醬料**
美乃滋（1）、檸檬汁
（1滴）、果糖（½）、
鹽巴少許、胡椒粉少許

1 小黃瓜切絲，蟹肉棒以
手撕成絲。

2 加入醬料後用筷子攪拌
均勻即可。

66

兒子的胃口極好，不管我煮什麼他都會立刻吃光，根本
不用我操心；可是女兒就不同了，她非常挑食而且早上
總把時間耗在梳妝打扮，雖然很多時候想對她說：「要
吃飯還是挨餓都隨便妳。」可是一方面又擔心她真的養
成不吃早餐的習慣，所以最後還是當媽的投降。99

# 關東煮&涼拌蘿蔔

**4人份**

**必要材料**
甜不辣3片、蒜苗1段、
柴魚片（1）

**高湯材料**
小魚乾10尾、海帶1片、
白蘿蔔150g

**調味料**
醬油（1）、鹽巴少許

在前一晚就準備好

**1** 晚上在鍋內加5杯水與
所有高湯材料，煮5分
鐘後將海帶撈起即可。

**2** 將切成適口大小的甜不
辣、斜切的蒜苗裝進保
鮮盒冷藏。

10分鐘
快速早餐

可用鰹魚粉
（0.5）代替
柴魚片。

**3** 早上將湯裡的小魚乾撈
起，將白蘿蔔切成適口
大小。

**4** 將柴魚片放在網篩上，
浸在高湯裡5分鐘。

**5** 放入黑輪、甜不辣、白
蘿蔔跟蒜苗後再煮一
下，最後以醬油和鹽巴
調味。

## Tip

如果能用小沙丁魚（青花魚）熬高湯，湯
頭的味道會更鮮美。小沙丁魚是一種銀白
色、長形扁扁的魚類。

★涼拌醃蘿蔔小黃瓜絲
的作法請參考21頁。

用鍋子煮的飯粒不像用壓力鍋煮的那麼溼黏，會更容易吞嚥所以很適合作為早餐。料理時使用醃過的肉口感較佳，若無也可以用普通豬肉代替，或可用蒜苗絲代替野菜。

# 香蒜牛肉黃豆芽悶飯

**2人份**

**必要材料**
白米1杯、黃豆芽1把、牛肉100g

**肉的調味醬**
糖（0.5）、醬油（1）、胡椒粉少許

**醬漬野蒜**
辣椒醬（0.3）、醬油（2）、魚露（4）、切碎的野蒜（1）、蒜泥（0.3）、芝麻油（1）

在前一晚就準備好

10分鐘快速早餐

**1** 前一晚就把米洗好放在網篩上，黃豆芽洗淨後放在夾鍊袋裡。

**2** 牛肉切丁後浸在調味醬裡，調好醬漬野蒜後就做好準備了。

**3** 熱油鍋後，以中火炒醃牛肉。

不可半途掀開鍋子，否則會有生豆芽味道。

**4** 放入白米炒1到2分鐘。

**5** 加1杯水，用小火熬煮到水收乾。

**6** 放入黃豆芽蓋上鍋蓋，以小火煮5分鐘，關火後再悶10分鐘即完成。

> 沒有事先煮湯備用的早上，能夠快速上菜的清淡湯品絕對是爭取時間的最佳選擇。扁魚湯、馬鈴薯湯、豆腐湯、蛋花湯等湯品，都是10分鐘內就可以完成的極速料理。

一顆雞蛋就能完成的

# 扁魚湯 &
# 金針菇煎餅

**2人份**
**必要材料**
金針菇⅓包、蒜苗5cm、
扁魚100g、雞蛋1顆

**調味料**
芝麻油（1）、蒜泥（0.3）、
醬油（1）、鹽巴少許、
胡椒粉少許

1 金針菇切去尾端，蒜苗
斜切。

2 將芝麻油、扁魚、蒜
泥、醬油放進鍋內，以
中火翻炒。

3 加4杯水煮到沸騰後，
以胡椒粉調味。

4 雞蛋打勻備用，以中火
熱鍋後倒少許食用油，
將金針菇沾蛋液後下鍋
煎熟。

5 把剩下的蛋液倒入鍋內
一邊攪動，放入蒜苗煮
1分鐘後關火。

冬天吃更好吃的

# 白蘿蔔海帶飯

"
白蘿蔔的產季是冬天，所以冬天是白蘿蔔飯的最佳賞味期。加了牡蠣的
白蘿蔔牡蠣飯非常好吃，只要在前一晚上床睡覺時把米洗好即可，在忙
碌的早上只需15分鐘就可以煮好白蘿蔔飯！"

## 2人份
**必要材料**
白米1½杯、白蘿蔔150g、海帶1片

**調味醬**
辣椒粉（0.5）、醬油（2）、醬油（2）、切碎的蒜苗（1）、蒜泥（0.5）、芝麻油（1）

在前一晚就準備好

1 前一晚將洗好的白米放在網篩上冷藏。

2 睡前將白蘿蔔切細絲。

如果想加入扛蠣，可把海帶撈起來後再放入。

10分鐘快速早餐

3 在鍋內加1杯水、白米、白蘿蔔、海帶，用大火一直煮到水收乾。

4 轉小火後把海帶撈起來，蓋上鍋蓋。

5 煮5分鐘後關火，繼續悶10分鐘後，搭配調味醬即可。

# 涼拌白蘿蔔絲海帶芽

## 2人份
**必要材料**
醃白蘿蔔片10片、海帶芽1把200g

**調味料**
糖（0.5）、醋（1）、鹽巴少許

1 把醃白蘿蔔片切絲。

2 海帶芽放到滾水裡變軟後，撈起來用水沖過，把水分擰乾。

3 把海帶芽、白蘿蔔絲、調味料一起攪拌均勻。

口感綿密清香的

# 馬鈴薯金黃煎餅

❝

馬鈴薯煎餅的口感軟綿，很適合當早餐吃。馬鈴薯加鹽打成泥能防止馬鈴薯
變色，可以在前一晚就先準備好。根莖類蔬菜之所以會變色，主要是為了保
護傷口，才製造出的保護膜，對人體有益，所以請安心食用。❞

**2人份**
**必要材料**
馬鈴薯2個、洋蔥¼個、太白粉（2）、鹽巴少許
**沾醬**
醬油（2）、醋（2）

1 馬鈴薯和洋蔥切細絲，用調理機打成泥後，放在網篩上瀝掉水分。

2 瀝出的水分靜置幾分鐘，把水和沉澱物分開，小心地把水倒掉。

3 碗內放入馬鈴薯泥、太白粉與鹽巴攪拌均勻。

4 用紙巾沾油將鍋底潤過，倒一匙麵糊用中火煎到兩面呈金黃色即可。

# 爽口菠菜湯

**4人份**
**必要材料**
水4杯、蛤蜊200g、菠菜½束、蒜苗5cm、味噌（2）、蒜泥（1）、鹽巴少許

1 鍋內加水、蛤蜊一起煮，蛤蜊開口後撈起。

2 菠菜根部先洗過一次，接著再一葉葉撕開洗一次。蒜苗斜切。

3 湯底加入味噌煮到沸騰後再放入菠菜。

4 放入蒜苗和蒜泥，最後以鹽巴調味。

以前煮雞肉粥時，大家總是為了能吃到雞腿而爭得你死我活，後來我乾脆只買雞腿回來煮粥。家裡成員每個人的用餐時間都不一樣，所以大家都以為只有自己才有雞腿吃，因此總是帶著幸福的心情出門。 "

# 天天都有小幸福的
# 雞腿粥 &
# 白蘿蔔蔬菜捲

**3人份**
**必要材料**
糯米1杯、雞腿6隻、小黃瓜 ¼ 個、切絲火腿（3）、醃白蘿蔔片15片

**選擇性材料**
蔥3段、青椒 ¼ 個、蘿蔔嬰少許

**調味**
鹽巴少許、胡椒粉少許

在前一晚 就準備好

只要稍微 煮過一次， 隔天也一定 會熟透。

1 糯米先浸泡30分鐘後，放在棉袋裡。

2 鍋內加水加到可以覆蓋雞腿、糯米袋的程度，開中火煮20分鐘。

3 將小黃瓜、青椒、火腿切成細絲，蘿蔔嬰洗淨後放在密閉的容器裡，全部放到冰箱裡冷藏。

10分鐘 快速早餐

4 早上趁著雞腿粥加熱時，用醃白蘿蔔片把青椒、小黃瓜、蘿蔔嬰包起來。

5 將雞腿粥盛在大碗裡，以鹽巴、胡椒粉調味後，灑上蔥花，和白蘿蔔蔬菜捲一起食用。

幫家人暖胃強身的
# 白蘿蔔牛肉湯

天氣開始變冷時，就要讓孩子多喝點熱湯暖胃，這樣出外可以抵擋寒氣，不會冷得不停打顫。最好在前一天晚上先把湯煮好，涼拌小黃瓜只要5分鐘就能上桌，所以可以早上再現做現吃。

**4人份**

**必要材料**

牛肉200g、白蘿蔔⅙個、蒜苗5cm

**調味料**

芝麻油（1）、醬油（6）、蒜泥（2）、鹽巴少許

1 把牛肉切成小塊，蒜苗斜切。

2 以小火熱鍋，加入芝麻油後，放入牛肉、白蘿蔔、醬油、蒜泥翻炒。

3 加5杯水以大火煮10分鐘，把泡泡舀掉。

# 涼拌小黃瓜

這款調味醬跟蔬菜非常對味，可以一次製作3到4倍的分量冷藏備用。

可以用小魚露（1）代替醬油。

4 加入蒜苗片，以鹽調味後把鍋蓋蓋上，轉小火煮到牛肉熟透。

**2人份**

**必要材料**

小黃瓜½條

**調味醬**

糖（1）、辣椒粉（1）、醬油（1）、醋（0.5）、芝麻油（0.5）、芝麻粒少許

可以切一些洋蔥、蔥、蒜頭調味。

1 製作調味醬。

2 小黃瓜切成5cm的長度後，再切薄片。

3 在食用前把調味醬和小黃瓜拌勻。

# 濃郁開胃、幫助消化的
# 豬肉泡菜飯

泡菜飯可以開胃、紓緩腸胃不適,味道比泡菜炒飯還濃,但吃起來清爽,很適合作為早餐。

**2人份**
**必要材料**
泡菜1杯、豬肉絲1杯、白米2杯

**調味醬**
醬油(2)、醬油(4)、蔥花(1)、蒜泥(1)、芝麻油少許、芝麻粒少許

1 撥除泡菜醃料後切碎泡菜,豬肉切成適口的大小。

2 把2杯白米、2杯水、泡菜、豬肉放進鍋裡用大火煮。

3 水收乾後轉小火,蓋上鍋蓋悶煮10分鐘。

一次加一點調味醬試味道。

4 把火關掉後悶10分鐘再起鍋,搭配調味醬即完成。

# 煙燻鴨肉 & 涼拌萵苣

鴨肉對人體有益，煙燻鴨肉冷凍可以保存很久，搭
配涼拌萵苣相當對味。

### 2人份
### 必要材料
煙燻鴨肉200g、生菜200g、
市售東方風味沙拉醬（3）、
市售蛋黃醬（1）、生菜10片

**1** 鴨肉切成薄片，以小火乾
煎。

**2** 蔬菜洗淨，把水分甩乾後
撕成適當的大小，加入東
方風味沙拉醬拌勻。

*用生菜
包肉也
好吃！*

**3** 鴨肉、生菜、蛋黃醬擺盤，
醃白蘿蔔片另外裝盤。

白蘿蔔和白菜在晚秋到冬天這段期間最甘甜，因此最好能在冬天善加利用白菜與白蘿蔔這兩種食材。加肉的白菜湯味道鮮美，若以小魚乾高湯為底，則能吃到另一種風味。

# 芝麻白菜味噌湯

5人份
必要材料
小魚乾20尾、味噌（2）、
白菜⅛個、芝麻粉2、
綠色辣椒1個、鹽巴少許

1 鍋內加6杯水、小魚乾煮到沸騰後轉小火，再煮10分鐘後，將小魚乾撈起。

2 加入味噌、切成適口大小的白菜，轉大火煮。

3 煮到白菜變軟後，轉小火，加入芝麻粉、辣椒片，以鹽巴或醬油調味後即完成。

---

# 涼拌黃豆芽蟹肉

2人份
必要材料
黃豆芽¼袋、蟹肉棒1個、蔥1段
調味料
鹽巴（0.4）、芝麻油（1）

1 黃豆芽以滾水稍微氽燙後，撈起把水分甩乾。

2 蟹肉棒切成三段，用手撕碎。

3 黃豆芽、蔥絲、蟹肉絲加入調味料拌勻。

善用當季食材除了可以吃到最新鮮的味道，也可以省下許多買菜錢，只要挑選賣場、菜市場數量最多的蔬菜即可。魷魚的產季介於晚秋與冬季之間，用烤的方式最能吃出魷魚的鮮味。

# 嫩烤鮮魷魚

**2人份**
**必要材料**
魷魚1隻

**烤肉醬**
糖（1）、醬油（2）、清酒（2）

過程中需不斷塗抹烤肉醬。

也可用預熱200℃的烤箱烤。

**1** 清除魷魚的內臟，用刀子在魷魚身上劃斜線。

**2** 製作調味醬。將魷魚放在平底鍋裡煎，並塗上調味醬。

**3** 蓋上鋁箔紙，以小火煎烤，完成後切成適口的大小。

# 低卡綠豆涼粉

**2人份**
**必要材料**
綠豆涼粉½個、海苔1片

**調味料**
鹽巴（0.2）、芝麻油（1）

**1** 綠豆涼粉切絲，用滾水汆燙。

**2** 海苔烤過，放在塑膠袋裡捏碎。

**3** 綠豆涼粉加入海苔鬆、鹽巴、芝麻油拌勻。

## 搭配什麼都很對味！
# 古早味蛋花湯

史上最好做，而且配所有食物都很對味的蛋花湯！
唯一的重點是蛋花打下去後不能煮過久。

在前一晚就準備好

1 鍋內加2杯水，放入小魚乾煮10分鐘，再把小魚乾撈起。

10分鐘快速早餐

2 蒜苗切絲，雞蛋打勻。

3 小魚乾高湯內加入蒜苗絲、醬油、鹽巴、胡椒粉調味。

4 蛋花開始變熟就立刻關火，蓋上鍋蓋悶1分鐘即可。

**2人份**
**必要材料**
小魚乾10尾、蒜苗5cm、雞蛋1顆
**調味料**
醬油（0.3）、鹽巴少許、胡椒粉少許

吃了一定翹大姆哥！

# 烤豬頸肉 & 韭菜沙拉

韭菜沙拉吃過的人都說讚，不過製作方法卻非常簡
單，搭配豬頸肉、五花肉都很好吃。

**2人份**

**必要材料**
韭菜20枝、豬頸肉200g、白飯1碗

**醬汁**
番茄醬（1）、美乃滋（1）、芥末少許

1 韭菜洗淨後去除水分，切成
4～5cm的長度。

若味道太
淡，可以加
點鹽巴。

2 將醬汁的材料攪拌均勻後，
再加入韭菜攪拌。

3 在平底鍋上乾煎豬頸肉，直
到兩面呈金黃色。

4 豬頸肉、白飯、韭菜沙拉裝
盤即完成。

> 味道鮮美的蛤蜊湯料理方法出奇地簡單！而且材料只需要蛤蜊、水、鹽巴。許多廚房新手覺得燉馬鈴薯是很好上手的一道菜，切記不要一開始就放調味醬，等馬鈴薯熟透了再放也不遲。

## 湯與小菜的飽足新搭配
# 鮮美蛤蜊湯

**2人份**
**必要材料**
鹽巴（0.5）、蛤蜊200g、韭菜3把、
蒜泥（0.3）、胡椒粉少許

在前一晚就準備好

10分鐘快速早餐

1 睡前把蛤蜊浸在鹽水中吐沙。

2 在鍋內加2杯水和蛤蜊一起煮，一直煮到蛤蜊開口。

3 加入切碎的韭菜、蒜泥、胡椒粉，再煮過一次即完成。

---

# 辣味燉馬鈴薯

可以用魚露代替醬油。

**2人份**
**必要材料**
馬鈴薯1個

**調味醬**
糖（0.5）、辣椒粉（0.5）、
醬油（1）、辣椒醬（1）

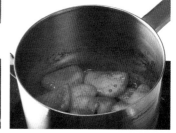

1 馬鈴薯去皮切片後，切成半圓形。

2 鍋內加2杯水，放入馬鈴薯，煮到邊緣呈現透明狀。

3 把水倒掉剩下兩湯匙的量，加入調味醬後翻炒馬鈴薯直到水收乾。

# 身體不適時，就來一碗吧！
# 海帶薯片元氣粥

記得小時候身體不舒服時，吃下這碗粥後，全身就會狂冒汗，精神也會變得比較好。

1 海帶在水裡浸10分鐘，擰乾水分後切成適當的長度。

2 明太魚撕成適口大小，馬鈴薯切片。

3 鍋內加芝麻油，將明太魚、海帶、馬鈴薯炒過。

4 加3杯水入鍋，開始沸騰時加入白飯，煮到米粒膨脹變軟，最後以醬油、蒜泥、鹽巴調味。

**2人份**
**必要材料**
海帶1把、明太魚½杯、馬鈴薯1顆、白飯1碗

**調味料**
芝麻油（1）、醬油（0.5）、蒜泥（0.5）、鹽巴少許

# 辣蘿蔔湯&香料馬鈴薯

白蘿蔔牛肉湯（88頁）多加辣椒粉就成為好喝的辣
湯。好吃的馬鈴薯味道要甜、口感濕潤。

**4人份**

**必要材料**

馬鈴薯2顆

**選擇性材料**

辣椒2條

**調味料**

鹽巴（0.2）、醬油（1）、
蒜泥（0.3）、果糖（0.3）、
胡椒粉少許、薑粉少許

> 如果沒有生薑粉，也可以用一小段生薑代替。

1 馬鈴薯切絲，浸在冷水裡去除澱粉，使口感清脆。

2 辣椒切絲。

3 鍋內加水煮馬鈴薯，水量覆蓋馬鈴薯，煮到馬鈴薯邊緣呈透明狀後，把水倒到只剩下兩湯匙。

> 記得留一點點湯汁。

4 加入調味料與辣椒，攪拌到入味即完成。

秋、冬兩季生產的白菜味道鮮甜，女兒
很喜歡喝當季的白菜湯。牛肉白菜湯煮
起來比較耗時，建議前一晚就先煮好。
孩子們喜歡涼拌醃蘿蔔勝過泡菜，所以
我總會做很多存起來放，壽司只要有醃
蘿蔔就非常好吃。

冬天喝起來更鮮甜的
# 醬油風味
# 牛肉白菜湯

**4人份**
**必要材料**
牛肉200g、白菜⅕個、蒜苗10cm

**調味料**
味噌（3）、蒜泥（1）、醬油（0.5）

1 牛肉切成適口的大小後，
　以味噌、蒜泥拌過。

2 白菜切成適口大小，蒜苗
　切成2等分後對切。

3 鍋內放入調過味的牛肉稍
　微炒過，加5杯水用大火
　煮開。

4 加入蒜苗、白菜後轉小
　火，煮到牛肉變軟熟透，
　最後以醬油調味。

粥對身體沒有負擔，是最適合當早餐的菜色。所以至少要學會怎麼煮出美味的鮑魚粥，以後只要把鮑魚換成牛肉就是牛肉粥，換成蔬菜就是蔬菜粥，改放牡蠣就是牡蠣粥，放泡菜就是泡菜粥，放明太子就是明太子粥。吃粥時配上白泡菜會令人胃口大開。

# 再挑嘴的人都會愛上！
# 極品鮑魚粥

6人份
**必要材料**
鮑魚2個、白米1杯
**調味料**
芝麻油（2）、醬油（2）、鹽巴少
許、胡椒粉少許

在前一晚就準備好

1 利用刀尖把鮑魚頂端突出來的沙囊剔除，一起被剔出來的紅色內臟也要丟棄。

2 將綠色的內臟分離，鮑魚肉切碎。

3 鍋內加芝麻油、醬油、鮑魚內臟與白米，翻炒1分鐘左右。

10分鐘快速早餐

4 加5杯水煮開，直到米粒膨脹變軟，接著放入鮑魚肉。

5 米粒完全熟透後加1杯水再煮過一次後，就可以去睡覺。

6 早上重新熱粥時，一碗粥加2杯水煮開，最後以鹽巴、胡椒粉調味即完成。

涼拌馬鈴薯是我在外面的餐廳吃過後，回家自己嘗試煮的小菜。作法比炒馬鈴薯簡單而且更好吃，很適合招待客人或是帶便當。炒小黃瓜的作法也一樣簡單，只要有鹽巴跟小黃瓜就可以。如果想節省吃飯的時間，可以把飯和配菜裝在同一個碗裡。

# 切絲馬鈴薯佐美乃滋

**2人份**

**必要材料**

馬鈴薯1顆、鹽巴（0.3）、美乃滋（2）、胡椒粉少許

**選擇性材料**

巴西里粉少許

> 馬鈴薯絲切得越細越好吃！

1 馬鈴薯刨成絲後，灑上鹽巴醃5分鐘。

2 以滾水稍微汆燙過，去除水分。

3 將馬鈴薯絲、美乃滋、胡椒粉一起攪拌，最後灑上巴西里粉。

---

# 清脆炒小黃瓜

**2人份**

**必要材料**

小黃瓜1條、鹽巴（1）、芝麻油（1）

> 如果味道太鹹，可以在水裡泡一下。

> 加入醃牛肉一起炒味道更好！

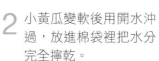

1 小黃瓜切成薄片，灑上鹽巴醃10分鐘。

2 小黃瓜變軟後用開水沖過，放進棉袋裡把水分完全擰乾。

3 鍋內放芝麻油炒小黃瓜，炒到沒有水分即可盛起。

醃肉時可一次多醃一些，然後分裝成小包冷凍，這樣可以縮短早餐的準備時間。因為早上沒有多餘的時間把烤肉包生菜吃，建議直接把包肉的蔬菜做成涼拌小菜，跟烤肉一起裝盤，或者把生菜鋪在豬肉底下，菜會變得更軟、更容易入口。

**2人份**

**必要材料**
生菜1把、洋蔥1個、豬肉2杯、
白飯1碗

**烤肉醬**
糖（0.5）、辣椒粉（0.5）、
薑粉（0.3）、醬油（1）、
蒜泥（1）、辣椒醬（2）、
芝麻油（1）、胡椒粉少許

**醬汁**
辣椒粉（0.3）、醬油（1）、
醋（1）、芝麻油（1）

一次補給蔬菜和蛋白質！

# 烤豬肉 &
# 涼拌萵苣沙拉

也可以使用市售的東方風味沙拉醬。

可以生吃的蔬菜都能加入！

1 洋蔥對切，一半打成泥狀，另一半切絲。

2 蔬菜洗淨去除水分後，切成適口的大小。

3 豬肉在洋蔥泥裡浸10分鐘，再放入洋蔥絲與烤肉醬醃30分鐘。

食用前再拌比較清脆

4 用小火炒豬肉。

5 把蔬菜、醬汁放在容器裡攪拌，先放⅔，再邊試味道邊加。

6 烤豬肉、涼拌萵苣沙拉、白飯裝盤。

令人一喝上癮的
# 蒜苗牛肉湯

" 美乃滋甜不辣原本是給不喜歡吃辣的小孩吃的配菜，沒想到反而更受大人喜愛。使用三色甜不辣或白色甜不辣會讓整體色澤更漂亮。牛肉湯最好利用週末先煮起來備用。"

**5人份**
**必要材料**
牛腩900g、蒜苗（10cm×5段）

**調味料**
辣椒粉（2）、醬油（2）、蒜泥（1）、
鹽巴少許、胡椒粉少許

1 鍋內加7杯水、牛肉以
小火煮到變軟熟透。

2 蒜苗切成5cm長，長邊
再對切。

3 牛肉撈起後順著紋路撕
開，加入蒜苗和調味料
後醃5分鐘。

4 湯汁煮到剩下5杯的量
時，放入醃過的牛肉，
最後以鹽巴調味。

# 美乃滋甜不辣

加入甜椒
或蘋果更
好吃！

**2人份**
**必要材料**
甜不辣5片、蟹肉棒1個、小黃瓜½條、洋蔥¼顆

**調味料**
糖（0.3）、醋（0.5）、美乃滋（3）、鹽巴少
許、胡椒粉少許

1 甜不辣切絲，蟹肉棒、
小黃瓜、洋蔥切碎。

2 甜不辣用滾水氽燙後，
放在網篩上瀝乾水分。

3 調味醬完成後，跟所有
的材料一起拌勻。

營養飯在餐廳裡是一道昂貴的佳餚，其實也可以自己在家裡做。加入對頭腦好的堅果跟香菇，等於是錦上添花，一人份可用陶鍋煮，吃的人肯定會感受到你的用心，並滿懷感激。

# 養生什錦炊飯

**3人份**

**必要材料**

白米2杯、銀杏20粒、栗子3粒、棗子3粒、香菇½朵、紅蘿蔔⅕個、鹽巴少許

**調味料**

醬油（2）、魚露（4）、蔥花少許、蒜泥（0.3）、芝麻油（0.3）、芝麻粒少許

1 白米洗淨後倒在網篩上，放到冰箱裡冷藏。

2 銀杏炒過後去皮。

3 栗子皮剝掉後切成小塊，棗子去籽後切絲。

4 香菇和紅蘿蔔切絲。

也可以用電鍋煮

5 製作調味料。

6 鍋內放入白米、2杯水、銀杏、栗子、棗子、香菇、紅蘿蔔，加鹽用中火煮。

7 水逐漸收乾後轉小火煮5分鐘，再把火關掉悶10分鐘，完成後搭配調味料即可。

# PART 5

## 不失敗不費時！
## 我家就是人氣餐館！

　　大家心中的完美早餐應該包含熱呼呼的湯、有魚或肉、有蔬菜。不過在忙碌的早晨，即使有時間準備四菜一湯的標準菜色，吃的人也沒有足夠的時間坐在餐桌前享用。

　　本章介紹的完美早餐，乍聽之下好像工程浩大，其實做起來非常簡單，因為只使用簡單的食材，所以能直接買現成的替代。可以每天準備不同的早餐菜色，才稱得上是功夫到家的家庭主婦呢！

> 誰說炸豬排一定要用很多油才能炸得好吃呢？其實只要善加利用烤箱，使用少量的油照樣可以炸出口感酥脆的豬排。最重要的是，一大早不必吃得太油膩，如果不想自己動手做豬排也可以買現成的，買回家後分裝冷藏即可。

# 香脆豬排 &
# 馬鈴薯奶香濃湯

**2人份**

**必要材料**
洋蔥⅓個、馬鈴薯1個、
牛奶½杯、豬排2塊

**選擇性材料**
市售豬排醬（4）

**調味料**
奶油（0.5）、鹽巴少許、
胡椒粉少許

也可改放花椰菜泥或南瓜泥，自行變換喜愛的口味！

1 洋蔥切絲，馬鈴薯切成
薄片泡水去除澱粉。

2 熱鍋後加入奶油，翻炒
馬鈴薯和洋蔥，馬鈴薯
邊緣變透明後，加1杯
水轉中火繼續煮。

3 稍微放涼後，以調理機
打成泥。

加一匙鮮奶油味道更香！

4 加入牛奶，再以鹽巴、
胡椒粉調味。

5 烤箱以230℃預熱10分
鐘，把豬排放進去烤10
分鐘。

6 將炸好的豬排裝盤並淋
上醬汁，搭配馬鈴薯濃
湯一起食用。

# 翻滾吧！令人食指大動的
# 營養番茄蛋炒飯

番茄的茄紅素經過油炒，人體的吸收率可增加9倍！可以作為白飯配菜，也可以夾著麵包吃。

1 番茄切成適口的大小。

2 以中火熱鍋，倒入橄欖油，打一顆蛋下去快速攪拌。

加入汆燙過的花椰菜一起炒，營養價值更高！

3 鍋內騰出空間炒番茄。

跟白飯或麵包一起裝盤。

4 把番茄和雞蛋混合，最後以鹽巴調味。

2人份
**必要材料**
番茄2個、橄欖油（3）、
雞蛋2顆、鹽巴少許

# 鹹甜鹹甜的
# 照燒雞腿飯

家裡放一罐照燒醬很方便，味道跟所有肉類的料理都很搭，可以一次做多一點，加在各式小炒裡。

在前一晚就準備好

完成後冷藏保存。

**2人份**

**必要材料**

雞腿2隻、牛奶½杯

也可用葡萄酒代替清酒。

**照燒醬**

糖（2）、醬油（4）、醋（2）、清酒（2）、蒜泥（0.5）、薑粉少許、食用油（1）、太白粉水（太白粉0.5＋水1）

1 照燒醬調好備用。

2 把雞腿泡在牛奶裡10分鐘，用滾水煮熟撈起，冷卻後放進冰箱冷藏。

10分鐘快速早餐

也可以在雞腿塗上照燒醬，放進200℃預熱的烤箱烤10分鐘。

3 先將照燒醬煮到沸騰，再放入雞腿一直煮到入味。

4 將雞腿及白飯一起裝盤。

家裡若有吃不完的炒飯或泡菜炒飯，不要猶豫，放進冰箱冷凍就對了！有時間不妨多炒一些炒飯備用，早上沒時間做飯時就能派上用場；或者媽媽不在家時，孩子也可以自己加熱當點心吃。

## 用炒飯也能做出好吃的
# 起司焗烤飯

**2人份**
**必要材料**
市售濃湯包½包
冷凍炒飯2碗
起司絲1杯

1 鍋內倒入濃湯粉和水開火煮。

> 也可以用小火炒過。

2 把冷凍炒飯放在耐熱容器裡，以微波爐加熱解凍。

> 只要加熱到起司融化即可。

3 把炒飯倒進煮好的濃湯裡，灑上起司絲。

4 烤箱以200℃預熱，將炒飯放入烤10分鐘即完成。

---

*Tip*

為了以防萬一，家裡可以買一些冷凍炒飯存放，在大型超市、便利商店都能買得到。

香煎馬鈴薯是德國人很愛的家常菜，可以當成下酒菜或點心吃，因為含有豐富的蛋白質和碳水化合物，當正餐吃也很適合，搭配水果、蔬菜一起吃，營養會更均衡喔！

# 香煎馬鈴薯 &
# 番茄花椰菜沙拉

**2人份**

**必要材料**

馬鈴薯2個、培根2片、花椰菜¼朵、聖女番茄3粒

**選擇性材料**

巴西里粉少許

**調味料**

鹽巴（0.4）、胡椒粉少許、市售義大利甜醋醬（3）

前一晚就先煮好

**1** 馬鈴薯煮熟後，用湯匙分成適口大小。

**2** 培根煎到酥脆。

**3** 利用煎培根的油繼續煎馬鈴薯，直到表面呈金黃色，接著用鹽巴、胡椒粉調味。

**4** 花椰菜以鹽水汆燙，番茄對半切與甜醋醬一起拌勻。

**5** 所有食材裝盤，最後灑上巴西里粉。

# 視覺上也很享受的
# 蘆筍培根捲

這是一道能輕鬆享受美味的佳餚。也可以用汆燙過的皺皮辣椒、南瓜、韓式年糕條替代蘆筍。

1 蘆筍以熱鹽水稍微燙過。

2 把水分擦乾後切成兩半，然後用培根捲起來。

3 以中火熱鍋後煎培根捲，先煎培根的接合處，固定後再翻面煎。

4 培根捲、飯糰一起裝盤，依照個人喜好搭配番茄醬或芥末醬。

**2人份**

**必要材料**
蘆筍8根、鹽巴（0.5）、培根4片

**選擇性材料**
白飯1碗

白飯用海苔鬆、香鬆拌一拌做成飯糰，配蘆筍培根捲非常對味！

## 簡單醃料就能快速完成的
# 香烤棒棒腿

雞翅和棒棒腿因為厚度薄容易煎熟，很適合當早餐菜色，我家孩子只要有棒棒腿就能吃下一碗白飯。

**2人份**
**必要材料**
棒棒腿8隻、牛奶½杯

**醃料**
鹽巴少許、胡椒粉少許、橄欖油（2）、香料粉少許

**選擇性材料**
市售義大利甜醋醬（2）、沙拉用蔬菜1把、白飯適量

1 把棒棒腿泡在½杯牛奶加10杯開水的液體10分鐘。

使用香料鹽也OK！

2 用水把棒棒腿沖乾淨後，以橄欖油及香料粉醃過。

也可以抹上香料油煎。

3 棒棒腿以230℃預熱的烤箱烤20分鐘，接著再以200℃烤10分鐘。

4 將棒棒腿、沙拉、白飯一起擺盤即完成。

鮮奶油是濃湯好喝的秘訣，不過鮮奶油並非一般
家裡常見的食品，沒有鮮奶油又想煮出味道香醇
的濃湯時，不妨使用市售濃湯包。還可以額外加
一些花椰菜、紅蘿蔔、香菇、馬鈴薯等配料，做
成口味多變的濃湯。

## 配料豐富又美味的
# 飽腹花椰菜濃湯

**1人份**
**必要材料**
花椰菜¼朵、市售即溶濃湯包½包、鹽巴少許、胡椒粉少許

**1** 花椰菜洗淨切小朵，用微波爐加熱1分鐘。

**2** 濃湯粉加2杯水拌勻。

**3** 加入花椰菜，用調理機打成泥後，以小火煮開，最後加入鹽巴和胡椒粉調味。

---

# 馬鈴薯蘋果沙拉

小黃瓜切成薄片後以鹽巴醃過，之後充分擰乾水分，咬起來的口感會更清脆！

**4人份**
**必要材料**
馬鈴薯2個、雞蛋2顆、切碎的酸黃瓜（1）、美乃滋（6）、鹽巴少許

**選擇性材料**
火腿2片、蘋果½個、洋蔥丁（2）

**調味料**
糖（0.5）、鹽巴（0.3）、醋（1）、芥末籽（0.5）、胡椒粉少許、橄欖油（2）

**1** 馬鈴薯和雞蛋煮熟後切丁，火腿切薄片，蘋果切丁。把上述材料放進糖水（糖2＋水1杯）浸泡10分鐘後撈起。

**2** 將切碎的洋蔥與酸黃瓜混合拌勻。

**3** 將所有材料放在容器裡調味攪拌，最後加入美乃滋、鹽巴拌勻。

可吃到各種蔬菜與肉類的雞肉沙
拉一直是廣受歡迎的人氣餐點。
由於家人喜歡吃麵包和肉類，所
以我早上也經常準備這道菜。可
以使用雞胸肉或里脊肉，用烤箱
烤過或油炸過後若能以紐奧良調
味粉稍微調味一下，風味更佳。

# 紐奧良雞肉沙拉

**2人份**
**必要材料**
雞蛋1顆、番茄1個、雞胸肉2塊、沙拉用蔬菜200g

**調味料**
鹽巴少許、胡椒粉少許、市售義大利甜醋醬（2）、市售蜂蜜芥末沙拉醬（2）

> 如果有水分殘留，會影響調味料入味，請務必把水瀝乾。

1 雞蛋放進水裡煮13分鐘，接著取出剝殼，切長邊6等分，番茄也切成相同的形狀。

2 雞胸肉灑一點鹽巴和胡椒粉，熱鍋後以小火油煎至表面呈金黃色。

3 蔬菜洗淨後放在網篩上瀝乾水分。

4 沙拉蔬菜、水煮蛋、番茄裝盤，淋上義大利甜醋醬。

5 雞胸肉切成適口大小後裝盤，淋上蜂蜜芥末沙拉醬即完成。

**延伸食譜**

## 蜂蜜芥末沙拉醬

和各式沙拉、炸物都很對味。

**必要材料**
醋（0.3）、白葡萄酒（0.3）、芥末醬（4）、蒜泥少許、蜂蜜（1）、橄欖油（0.3）

即使是很普通的雞肉，只要花點巧思做成可以隨手吃的雞肉串，吃的人心情就會變得特別愉快。為了不耽誤準備早餐的時間，平常可以先買幾種現成的醬料放在家裡！當然也可以自己動手做照燒醬（參考119頁）。

一次攝取多種蔬果，不沾手的
# 野菜雞肉串燒

**2人份**

**必要材料**
雞腿肉200g、牛奶
（2）、洋蔥¼個、
紅、黃甜椒各¼個、
市售照燒醬（5）

**調味料**
鹽巴少許、胡椒粉少許

*在前一晚就準備好*

**1** 雞腿肉用牛奶浸泡10分鐘，切成適口大小後進行調味。

**2** 洋蔥、甜椒切成適口的大小。

*10分鐘快速早餐*

**3** 睡前把雞胸肉及蔬菜放在保鮮盒冷藏。

**4** 以中火熱鍋，加入食用油後翻炒蔬菜，完成後裝盤備用。

**5** 將把雞胸肉煎到兩面呈金黃色。

*若用烤箱，雞肉和蔬菜不必先煮熟，以230℃烤10分鐘，再以200℃烤10分鐘。*

**6** 把洋蔥、雞肉、甜椒串成一串。

**7** 均勻抹上照燒醬，放在鍋子裡以小火稍微烤過即完成。

歐姆蛋加入各式各樣的食材後，其實是可以當作正餐吃的。番茄、南瓜、香菇、火腿肉、培根都是很好的配料選擇，可以把蛋烘成煎餅的形狀，起鍋時像披薩切片一樣，看起來更令人垂涎欲滴！

# 新手也絕不失敗的
# 西班牙
# 多彩歐姆蛋

**2人份**

## 必要材料
馬鈴薯1個、洋蔥 ⅓ 個、雞蛋2顆、鹽巴少許、胡椒粉少許

## 選擇性材料
聖女番茄3粒、胡瓜 ⅓ 個、培根1片、火腿1片

1 馬鈴薯切成薄片,洋蔥切絲。

2 聖女番茄切半,胡瓜切薄片、培根、火腿切條,雞蛋加入鹽巴、胡椒粉調味攪勻。

3 小火熱鍋後,把培根煎成酥脆狀。

> 蔬菜如果不想用炒的,也可以改用滾水汆燙。

4 放入火腿、馬鈴薯、胡瓜翻炒。

5 放入番茄,並慢慢倒入蛋液。

> 煮至用筷子戳蛋時,不會沾上蛋液為止。

6 蓋上鍋蓋,以小火悶煮5分鐘即可。

利用週末先做好一些烤肉、漢堡排、肉餅冷凍保存，
這樣未來一週就可以端出琳瑯滿目的肉類料理了。
同一個鍋子可以順便料理漢堡排和馬鈴薯、洋蔥、
香菇、番茄等蔬菜配料，如果覺得自己做漢堡排很麻
煩，也可以買現成的。

大大滿足、軟嫩多汁的
# 鮮嫩漢堡排

**2人份**
## 必要材料
漢堡排2塊、馬鈴薯½個、洋蔥½個、鹽巴少許、市售豬排醬（4）

## 選擇性材料
白飯1碗

1 馬鈴薯切成條狀，洋蔥切絲。

也可以用鋁箔紙把食材包起來以230℃烤10分鐘後，拆掉鋁箔紙以200℃繼續烤10分鐘。

2 用中火油煎漢堡排，馬鈴薯和洋蔥灑上少許鹽巴後也一起煎。

3 漢堡排表面變熟時，轉小火蓋上鋁箔紙，悶煮到漢堡排完全熟透。

4 漢堡排、白飯、馬鈴薯、洋蔥裝盤，淋上豬排醬。

**延伸食譜**

## 美式漢堡排

捏成比手掌略小的尺寸最容易料理，記得放進冷凍室保存。

### 材料
牛絞肉300g、豬絞肉100g、碎洋蔥1個、雞蛋1顆、麵包粉1杯、牛奶（4）、鹽巴（0.3）、蒜泥（2）、胡椒粉少許

❶ 把所有材料均勻混合、拍打。
❷ 捏成適當的大小。
❸ 每個漢堡排分別以保鮮膜包裝，冷凍保存。

66 天氣轉涼時，早上我總要準備熱呼呼的食物比較安心。法式蔬菜牛肉湯因為含有豐富的蔬菜與肉類，除了對身體有益，因為分量十足，即使當正餐吃也沒問題，尤其當孩子生病時，我總會把蔬菜濃湯煮辣一點，喝了之後大量出汗，身體會比較容易復原。99

## 冷颼颼的早晨，來碗暖呼呼的
# 法式蔬菜牛肉湯

**4人份**

**必要材料**

馬鈴薯½個、高麗菜2片、紅蘿蔔¼個、洋蔥¼個、蒜苗白色部分10cm、牛胸肉100g

**選擇性材料**

花椰菜¼朵、芹菜1支

**調味醬**

橄欖油（2）、蒜泥少許、番茄糊1杯、月桂葉（2）、番茄醬（3）、鹽巴少許、胡椒粉少許

只放馬鈴薯、紅蘿蔔、洋蔥、蒜苗白色的部分也可以。

1 所有蔬菜切丁，花椰菜撕成小朵。

2 牛肉切成適口大小，用橄欖油油煎。

3 牛肉表面轉熟後，加入蔬菜、蒜泥一直炒到蔬菜變軟。

若以番茄醬料、義大利麵紅醬代替番茄糊會更好吃。

4 倒入番茄糊續炒，再倒入3杯水及月桂葉，以中火煮開。

5 加入番茄醬、鹽巴、胡椒粉調味即完成。

吃肉時若能搭配沙拉、涼拌菜，能夠消除油膩感，如果家裡沒有適合做沙拉的蔬菜，不妨把洋蔥切成細絲，再拌上一些醬汁即可。肉類即使只有灑鹽巴、胡椒粉，下鍋煎一煎就很好吃了。

# 鹽味牛排 & 洋蔥沙拉

**1人份**
**必要材料**
牛肉100g、萵苣5片、洋蔥¼個、東方風味沙拉醬（2）

**調味料**
鹽巴少許、胡椒粉少許、食用油（1）

建議使用烤肉專用的牛腩、背脊、里脊等部位的肉。

在前一晚就準備好

10分鐘快速早餐

1 將牛肉抹上調味，用保鮮膜包起來冷藏，肉質會更軟嫩。

2 以大火熱鍋，把牛肉煎到兩面呈金黃色。

3 萵苣與洋蔥切絲。

配白飯吃也好滿足！

4 蔬菜裝盤後淋上東方風味沙拉醬，再將牛肉裝盤即完成。

## 延伸菜色

### 東方風味沙拉醬

跟所有蔬菜都很對味的韓式沙拉醬，也很合大人的胃口。

**必要材料**
糖（1）、醬油（4）、醋（4）、清酒（2）
鹽巴少許、胡椒粉少許、橄欖油（4）

**選擇性材料**
檸檬汁（0.5）、蒜泥（1）、芝麻油（1）

食用前記得攪拌一下。

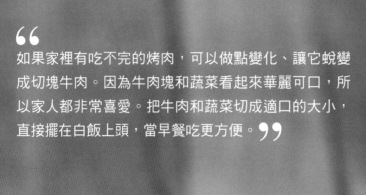

如果家裡有吃不完的烤肉，可以做點變化、讓它蛻變
成切塊牛肉。因為牛肉塊和蔬菜看起來華麗可口，所
以家人都非常喜愛。把牛肉和蔬菜切成適口的大小，
直接擺在白飯上頭，當早餐吃更方便。

肉質入口即化、色香味俱全的
# 彩椒嫩炒牛肉

**2人份**
**必要材料**
紅、黃甜椒各½個、洋蔥½個、牛肉背脊或里脊肉200g

**選擇性材料**　　**調味料**
紅酒（2）　　　　鹽巴少許、胡椒粉少許

**調味醬**
紅酒（2）、市售牛排醬（3）、番茄醬（2）、芥末籽（1）、
鹽巴少許、胡椒粉少許

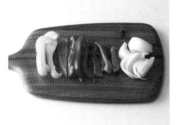

1 甜椒與洋蔥切成厚絲。

2 牛肉稍微醃過。

3 大火熱鍋後倒油，把牛肉煎到兩面變色。

4 倒入紅酒。

5 轉小火，將牛肉剪成適口大小。

6 加入蔬菜一起炒，淋上調味醬後再翻炒一下。

每次準備日式炸豬排早餐時，總能聽到家人「哇！」的歡呼聲。豬排淋上蛋汁後，豬排和飯的口感變得濕潤好下嚥，同樣的菜色若能做點小變化，不管什麼時候都是家人的最愛。

# 厚切豬排丼飯

**必要材料**
柴魚片（2）、豬排（2塊）、
洋蔥½個、雞蛋1顆、白飯1碗、
蔥少許

**湯底材料**
海帶1片、糖（2）、醬油（3）、
料理酒（2）

沒有柴魚片時，可用鰹魚粉替代。

☆ 在前一晚就準備好

1 鍋內加2杯水，再加入湯底材料，水滾後關火，將海帶撈起。

2 睡前把柴魚片放在網篩上，浸在湯底裡5分鐘後撈起即可。

10分鐘快速早餐

3 在豬排上抹食用油，放進烤箱以230℃的溫度烤15分鐘，完成後取出切成2cm寬的大小。

4 鍋子內加入2杯湯底與洋蔥一起煮，水滾後放入豬排並打一顆蛋。

5 在碗裡依序裝入白飯、豬排與湯底，最後擱上蔥花即完成。

# PART 6

# 「職場媽媽」的
# 愛心早餐

　　我最愛的早餐是「一碗料理」，白飯、
配菜若分開裝盤，除了要花更多的時間完
食，也讓準備餐點的程序變複雜。如果能把
所有食材通通裝在一個碗裡，對料理的人或
吃的人來說都很方便。

　　大部分的「手指食物」，在化妝、穿衣
服時都可以順手拿一塊放進嘴裡吃，要是真
的沒有時間也可以打包隨手帶走。另外，外
出郊遊時，「手指食物」也很適合做成野餐
便當喔！

雖然我自己是食譜作家，但是我並不堅持每一種料理
都要親自製作，會退而求其次改用現成的市售食物。
如果連煮一鍋味噌湯的時間都沒有，那多買幾包沖泡
式味噌湯便能化解難題了！**"**

# 孩子最愛的一口早餐
# 牛蒡豆皮壽司

在前一晚就準備好

糖漬牛蒡做法請參考第20頁。

**1人份**
**必要材料**
冷凍調味豆皮5個、糖漬牛蒡（3）、白飯1碗、味噌湯1杯

**1** 把冷凍豆皮放入冷藏室裡解凍。

**2** 睡前把牛蒡切碎。

10分鐘快速早餐

加入一匙配方醋更好吃。（213頁）

**3** 碎牛蒡與白飯拌勻。

**4** 把飯塞進豆皮。

**5** 再端出味噌湯即完成。

糖漬牛蒡做法請參考第20頁。

延伸菜色

# 鮮美 味噌湯

味噌湯搭配任何米飯料理都很適合！煮的時候可以加一點豆腐、海帶、金針菇。

**2人份**
**必要材料**
海帶1片、味噌（1）、蔥少許

❶ 鍋內加2杯水、把海帶放進去煮5分鐘，之後把海帶撈起來。
❷ 放入味噌，以大火煮5分鐘。
❸ 蔥切花，灑在湯上即完成。

捲壽司、飯糰、豆皮壽司、炒飯、拌飯這類的餐點不需要額外的配菜，其實壽司只要包醃蘿蔔就很好吃了。一些壽司名店裡的人氣壽司常常也只有包醃蘿蔔跟紅蘿蔔而已，這代表讓壽司好吃的秘訣並不在於配料，而是米飯的調味。

# 簡單就是美味的 醃蘿蔔捲壽司

**1人份**
**必要材料**
白飯1碗、芝麻油（1）、糖（0.3）、
鹽巴少許、壽司海苔1片、醃蘿蔔1條

**沾醬**
醬油（2）、芥末醬（0.5）

1 白飯加入芝麻油、糖、鹽巴拌勻。

2 壽司海苔裁為⅔大小，白飯鋪滿半張海苔，放上醃蘿蔔後捲起來。

3 壽司切成適口的大小，搭配沾醬食用即可。

# 營養海帶湯

**3人份**
**必要材料**
海帶15g、蒜泥（0.3）、
麻油（1）、醬油（1）、
鹽巴少許

15g海帶泡水膨脹後，約是一把的量。

1 海帶泡水10分鐘。

2 將膨脹的海帶剪成適口大小，鍋內加入海帶、蒜泥、麻油、醬油翻炒1分鐘。

3 鍋內加3杯水轉中火煮，一直煮到海帶變軟，最後以鹽巴調味。

即使是很普通的食物，只要細心擺盤裝飾，就能引起食慾。像是在炒飯上用一些炒蛋裝飾，就能帶來煥然一新的感受，還能掩飾炒飯食材不夠豐富的缺點，如果再擺一兩隻蝦子點綴，效果更好。

# 冰箱食材大變身！配料豐富的
# 什錦蔬菜蛋炒飯

**2人份**
**必要材料**
各種蔬菜丁½杯、白飯1碗、
鹽巴少許、雞蛋2顆

清空冰箱的洋蔥、紅蘿蔔、小黃瓜、蔥等，通通拿出來用吧！

1 將所有蔬菜切碎備用。

2 鍋子裡倒油，將蔬菜丁與白飯翻炒混合後，以鹽巴調味，起鍋放在盤子上。

3 熱鍋後倒油打蛋，等蛋開始變熟時，以筷子快速攪動做成炒蛋。

4 先把炒蛋鋪在大碗底部，再放入炒飯，稍微按壓。

5 把炒飯倒扣在盤子上。

小魚乾是一種鈣質含量豐富的食材，使用細細的小魚乾做飯糰，比較容易將飯糰捏成一口大小，如果再添加一些搗碎的堅果，口感和香味會變得更有層次、更好吃。

## 快速做、方便吃又含有豐富鈣質的
# 一口小魚乾飯糰

**2人份**

**必要材料**

白飯2碗、鹽巴（0.3）、芝麻油（2）、芝麻粒（0.5）、小魚乾1杯、海苔¼片

**小魚乾調味醬**

糖（0.3）、醬油（0.5）、清酒（1）、水（1）、辣椒醬（0.5）、果糖少許

若小魚乾本身已經很鹹，可以不放醬油。

1 調味醬做好備用。

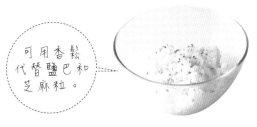

可用香鬆代替鹽巴和芝麻粒。

2 白飯以鹽巴、芝麻油、芝麻粒調味。

3 乾炒小魚乾。

4 小魚乾加入調味醬後翻炒一下。

5 把炒過的小魚乾、海苔絲加進白飯裡。

6 把飯捏成一口大小的形狀即可。

許多家庭主婦都認為要做壽司的話就一定要做10條以上，而且要包入各式各樣的材料，像雞蛋、肉、菠菜等。其實就早餐來說，壽司只包一種材料也能讓家人吃得津津有味，若家裡剛好沒有多餘的食材，只包一條壽司也沒關係。

# 香鬆海苔壽司

**1人份**
**必要材料**
白飯1碗、香鬆（2）、壽司海苔1大張
**配方醋**
糖（0.3）、醋（0.5）、鹽巴少許

1 把飯、配方醋放在容器內攪拌均勻。

2 接著加入香鬆。

加醃白蘿蔔也很好吃！

3 壽司海苔裁到剩下⅔的大小，將調過味的白飯鋪在上面後捲起來。

4 將壽司切成適口大小即完成。

## Tip

香鬆有蔬菜、海鮮、飛魚子海苔、起司等多種口味，可以依喜好選用。本食譜的香鬆壽司是使用海鮮口味的香鬆。

用蒜苗爆香的中華風料理

# 金黃醬油蛋炒飯

炒飯時以蒜苗絲先爆香,炒飯香味會非常誘人。以醬油代替鹽巴調味,則是讓炒飯味道升級的秘訣。

1 將蒜苗白色的部分切絲,熱鍋後倒油,以中火炒蒜苗絲。

注意別讓蒜苗絲燒焦。

2 蒜苗絲轉黃變熟後,打一顆蛋繼續炒。

3 倒入白飯拌炒,以醬油、芝麻油、胡椒粉調味。

**2人份**
**必要材料**
蒜苗白色部分15cm、雞蛋1顆、白飯1碗、醬油(2)、芝麻油(1)、胡椒粉少許

# 愛惜食材的
# 古早味米飯煎餅

家裡有剩飯時可以拿來做米飯或煎餅，即使沒有另外煮配菜，也能吃得津津有味。

**1人份**
**必要材料**
切碎的蔬菜或肉、火腿丁 ½杯、
雞蛋1顆、白飯 ½碗

**調味料**
鹽巴、胡椒粉、番茄醬皆少許

1 把紅蘿蔔、洋蔥、蒜苗、肉、火腿等現有材料切碎。

2 打一顆蛋，跟白飯、切碎的蔬菜拌勻，以鹽巴、胡椒粉調味。

3 熱鍋後倒油，舀一湯匙麵糊以中火煎。

4 煎至兩面呈金黃色時起鍋裝盤，擠上番茄醬即可。

> 現代人吃飯尤其注重視覺效果，要求吃起來好吃，看起來也要可口。不妨經常變換同樣菜色的「包裝」，即使是太疲累沒有食慾的人，看到漂亮又新奇的食物，也會想要嚐鮮。

充滿大海精華、讓人垂涎不已的

# 飛魚卵蟹肉壽司

**2人份**
**必要材料**
小黃瓜½個、鹽巴（0.2）、蟹
肉3個、白飯1碗、飛魚卵（2）

**調味料**
糖（0.5）、醋（1）、鹽巴少許

放一點配
方醋（1）也
不錯，請參考
213頁。

1 小黃瓜切薄片，灑上鹽
巴醃10分鐘，接著把水
擰乾，用小火乾炒。

2 蟹肉順其紋路撕成絲。

3 白飯加入調味料拌勻。

4 方形保鮮盒內先鋪上保
鮮膜，依序放入白飯、
蟹肉，用力壓實，最後
鋪上炒過的小黃瓜片。

5 把飯倒扣拿出來，切成
適口大小。

6 在每個壽司上放一點點
飛魚卵即完成。

香鬆是早餐料理的明星食材！白飯以香鬆拌過後，再用蛋皮包起來，立即完成一道外觀誘人、實際品嚐也好吃的早餐！拌飯時加入一些小魚乾和辣椒醬，美味更加升級！

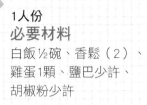

快速上桌的雞蛋料理

# 蛋皮香鬆飯捲

**1人份**
**必要材料**
白飯 ½ 碗、香鬆（2）、
雞蛋1顆、鹽巴少許、
胡椒粉少許

可用炒飯代替，或加一點小魚乾。

1 蛋打勻，加入鹽巴、胡椒粉調味。

2 白飯加入香鬆拌勻。

3 以小火熱鍋後，倒入食用油，用廚房紙巾把油抹勻後，舀一匙蛋液煎熟，蛋皮長度盡量拉長。

4 蛋皮表面開始變乾之後，鋪上一匙白飯，然後把蛋皮和飯捲起來。

> 請客人來家裡吃飯時，我會端出魚卵飯結尾，讓大家清清嘴裡的味道。魚卵飯上桌前，我習慣先放在較大的烤盤、陶鍋裡保持熱度。雖然大家都吃飽了，但是在看到魚卵飯時仍會驚呼「哇！」然後爭先恐後衝上來吃。早上因為沒有多餘時間準備，只要簡單裝在碗裡就行了。

# 鍋燒魚卵飯

**1人份**
**必要材料**
芝麻油（1）、白飯⅔碗、飛魚卵（3）、
蘿蔔嬰10束、岩烤海苔½張、沖泡式味噌湯1包

**1** 倒芝麻油在陶鍋內，用廚房紙巾把油抹勻，開小火熱鍋。

**2** 把飛魚卵加在飯裡拌勻，然後倒入陶鍋。

可加入涼拌醃蘿蔔小黃瓜絲（21頁）或是以辣椒粉、糖調味的泡菜丁。

**3** 等飛魚卵半熟時，把火關掉。

**4** 擱上蘿蔔嬰和碎海苔。

**5** 搭配以開水沖泡的味噌湯一起食用。

手指食物並不是西餐的專利，泡菜包飯也是一種手指食物，屬於非常簡便的早餐菜色。能夠用來包飯的材料多不勝數，放肉、生菜醬、辣椒醬、炒小魚乾都很合適。使用汆燙過的白菜葉或馬蹄菜也很好吃。

# 吃起來爽口不油膩的
# 泡菜包飯

> 如果時間足夠，白飯可先用芝麻油、鹽巴調味！

**1人份**
## 必要材料
整葉泡菜5葉
糖（0.5）
芝麻油（1）
白飯1碗

**1** 撕下整葉的泡菜，稍微用水沖過後擰乾。

**2** 加入糖、芝麻油拌勻。

> 一起包炒過的肉、辣椒醬、生菜醬和小魚乾會更好吃！

**3** 泡菜葉鋪平，放上白飯後捲起來。

**4** 泡菜飯捲擺盤，再配上前一晚煮的湯即可。

## 延伸食譜

### 黃豆芽湯
味道清淡爽口，很適合早上喝，而且作法更是簡單。

**4人份**
小魚乾15尾、黃豆芽150g、
蒜泥（0.5）、蝦醬（2）、蒜苗½段

❶ 在鍋內加5杯水，放入小魚乾煮10分鐘。
❷ 依序放入黃豆芽、蒜泥，蓋上鍋蓋熬煮，中途加入蝦醬調味。最後灑上切絲的蒜苗。

## 視覺和味覺的雙重饗宴
# 飛魚卵炒飯

飛魚卵是讓飯麵料理味道升級的好幫手。如果不習慣飛魚卵的腥味，可以先用柳橙汁或清酒浸泡。

1 將蔬菜、香菇切碎備用。

2 鍋內倒油，先將白飯炒過可以防止米粒糾結，口感會更棒。

3 拌炒切碎的蔬菜。

4 加入白飯、飛魚卵一起炒，最後以鹽巴、胡椒粉調味。

**2人份**
**必要材料**
各式蔬菜丁與香菇1杯
白飯1½碗、飛魚卵（5）
鹽巴及胡椒粉少許

# 三角御飯糰

三角飯糰專用的模型和海苔，大賣場裡都買得到，
烤牛肉、醬汁雞肉、鮪魚都是超受歡迎的口味。

**2人份**

**必要材料** 白飯1½碗、三角飯糰海苔2張

**鮪魚內餡** 罐頭鮪魚（3）、切碎的酸黃瓜
（1）、美乃滋（1）、鹽巴少許、胡椒粉少許

**泡菜內餡** 泡菜（3）、糖（0.5）、麻油（1）

1 製作鮪魚內餡，將罐頭鮪
魚的水分瀝乾，加入切碎
的酸黃瓜、美乃滋、鹽
巴、胡椒粉拌勻後備用。

2 製作泡菜內餡，泡菜切小
丁，加入糖、麻油拌勻。

3 把白飯添到三角模型裡至
半滿，中間挖洞放內餡，
之後再用白飯蓋住。

也可以做成中間黏一條海苔的握飯糰。

4 把飯糰從模型裡倒出後，
用包裝袋包起來。

> 漂亮的食物可以輕易勾起別人的食慾。不妨利用家裡現有的小黃瓜、醃蘿蔔、蘿蔔嬰、蟹肉等食材做成手捲,即使沒時間好好坐著用餐也沒關係,趁著穿衣服、化妝的空檔,就能順手拿起來吃一口。

# 好吃不沾你手的
# 飛魚卵手捲

在前一晚
就準備好

**1** 前一晚將冷凍的飛魚卵放到冷
藏室解凍。

**2** 睡前將蘿蔔嬰洗淨瀝乾水分，
放在保鮮盒裡。

10分鐘
快速早餐

配一碗味
噌湯就好
滿足！

**3** 把海苔沿著對角線剪
開，擺成逆三角形，鋪
上白飯，美乃滋和芥末
擠成一條直線。

**4** 接著依序擺上飛魚卵、
蘿蔔嬰。

**5** 把海苔捲起來即完成。

出身夏威夷的歐巴馬總統因為被捕捉到吃四角壽司的鏡頭，該壽司因而被稱做「歐巴馬四角壽司」。據說四角壽司源於日本人移居夏威夷時，被下令禁止捕魚，所以他們放在壽司上的生魚片才改用午餐肉代替，變成孩子們很喜歡的食物。

擁有夾心口感的

# 四方海苔壽司

**2人份**

**必要材料**

白飯2碗、芝麻葉4片、
雞蛋1顆、午餐肉4塊、
海苔1片

**飯的調味料**

鹽巴少許、芝麻油（1）

**午餐肉調味料**

醬油（2）、糖（1）

**1** 在白飯裡面加入調味料
拌勻，芝麻葉切半。

**2** 把蛋煎成薄薄的蛋皮，
切成午餐肉的大小。

**3** 把午餐肉抹上午餐肉調
味料，完成後煎熟。

**4** 先在午餐肉罐頭裡鋪上
保鮮膜，依序放入白飯
→芝麻葉→午餐肉→蛋
皮→芝麻葉→午餐肉→
飯，完成後壓實。

**5** 把保鮮膜取出，去掉保
鮮膜後，用海苔把所有
的料捲起來。

## Tip

午餐肉（SPAN）起源於美
國，多為方形塊狀，是一種
混合香料的豬肉罐頭，油煎
後香味誘人，可在大型超市
或網路購得。

**6** 切塊即完成。

平常可以多做一點配方醋放在冰箱，這樣早上就能快速做出捲壽司、豆皮壽司、香鬆壽司、生魚片壽司，或是在白飯上放各式食材的散壽司，即使沒有生魚片，也能搭配出強烈色感，這道菜也很適合帶便當。

# 當午餐輕食也很讚的
# 蟹肉蝦仁散壽司

**2人份**
**必要材料**
白飯2碗、配方醋（2）、雞蛋1顆、
醃蘿蔔2塊、蟹肉2個、蘿蔔嬰少許、
海苔絲少許、蝦仁3尾

**配方醋**
鹽巴（1.5）、糖⅔杯、醋1杯

1 白飯以配方醋拌勻後冷
卻備用。

製作配方醋
時，可用鍋子
煮到糖完全融
化為止。

2 雞蛋煎成蛋皮後切絲，
醃蘿蔔也切絲。

也可以放醬
燒香菇、小黃瓜
絲、飛魚卵、鮭魚
卵、各式生魚片、花
枝、鰻魚、醬燒蓮藕
葉、醬燒牛蒡葉
等各式配料。

3 把醋飯裝在底部平坦的
容器裡。

4 依序放入蛋絲、醃蘿
蔔、蟹肉絲、蝦仁、蘿
蔔嬰、海苔絲即完成。

香雅飯就是俗稱的牛肉燴飯，利用週末先煮好香雅飯或咖哩，分裝成小包冷凍，之後酌量取用解凍即可。香雅飯是一道能夠喚起舊時回憶的美食，偶爾我會以法國棍子麵包或吐司沾著吃，也可以當成炸豬排的沾醬。

# 鮮蔬香雅飯

**2人份**
**必要材料**

洋蔥½個、紅蘿蔔⅓個、甜椒1個、花椰菜少許、蘑菇5個、牛肉200g、麵粉少許、香雅飯即溶包1包、整粒番茄罐頭⅓罐、番茄醬（1）

> 如果沒有整粒番茄罐頭，可以切一粒新鮮番茄替代。

> 肉先裹上麵粉，在烹煮時就能把肉汁鎖住，風味更佳！

**1** 將蔬菜、肉切絲，裹上麵粉後，再撢掉多餘的麵粉。

**2** 使用有深度的鍋子，熱鍋後倒油，將蔬菜炒熟備用。

**3** 鍋內倒油，將肉炒熟。

**4** 加入蔬菜和2杯水，用小火煮10分鐘。

> 香雅飯即溶包可在大型日系超市購買。

**5** 香雅飯即溶包加1杯水混合後，連同整粒番茄一起煮。

**6** 以番茄醬調味，最後跟飯一起擺盤。

> 牛肉咖哩美味的秘訣在於肉必須裹上一層麵粉，才能把肉汁鎖住，煮起來口感會更軟嫩。烹調時，再加入蘋果及蜂蜜味道會更香。分量一次做多一點，再分裝成小包冷凍，以後要吃時就非常方便。

# 咖哩牛肉蛋包飯

牛肉裹上麵粉後，烹煮時肉汁就能鎖在裡面。

**4人份**

**必要材料**

牛肉200g、麵粉少許、蘋果¼個、洋蔥1個、馬鈴薯1個、咖哩塊4個

**選擇性材料**

紅蘿蔔1條、蜂蜜（1）、雞蛋1顆

**調味料**

鹽巴及胡椒粉少許

1 牛肉切塊，調過味道後裹上麵粉。

2 蘋果切薄絲，洋蔥、馬鈴薯、紅蘿蔔切小丁。

3 以中火熱鍋，倒油後放牛肉塊翻炒，炒到表面變色後撈起。

4 使用較深的鍋子，倒油炒蔬菜。

用平底鍋煎蛋可在蛋開始變熟時，蓋上鋁箔紙或鍋蓋悶煮，就能煎出像照片一樣滑嫩的荷包蛋！

5 炒到蔬菜變軟後，加入牛肉和2杯半的水繼續燉煮。

6 咖哩粉加1杯水和蜂蜜混合後，倒入鍋子煮5分鐘。

7 白飯、咖哩裝盤，最後再擱上一顆荷包蛋。

# PART 7
## 15種變化「麵包」的創意早餐

　　直接以手拿著吃的三明治最近很受歡迎，如果不堅持每天一定要吃到飯，一星期當中不妨抽出一天早餐吃麵包，享受優雅的西式早餐氛圍。

　　小圓麵包、法國棍子麵包、義大利拖鞋麵包、佛卡夏麵包等，都是大眾喜歡的經典麵包，每次使用不同種類的麵包，便可做出風味千變萬化的三明治。

# 捲起來更好吃的
# 捲心三明治

在傳統三明治的外觀上做一些改變，大家一早心情就會變得特別好，臉上還掛著滿足的微笑呢！

1 洋蔥、起司、火腿、小黃瓜切絲。

2 吐司切邊，以撖麵棍撖薄後，在吐司的一邊塗上美乃滋。

3 捲竹簾上鋪保鮮膜，將吐司、食材鋪上去後捲起。

4 捲完後靜置一下讓形狀成型，接著將三明治斜切，然後拿掉保鮮膜即完成。

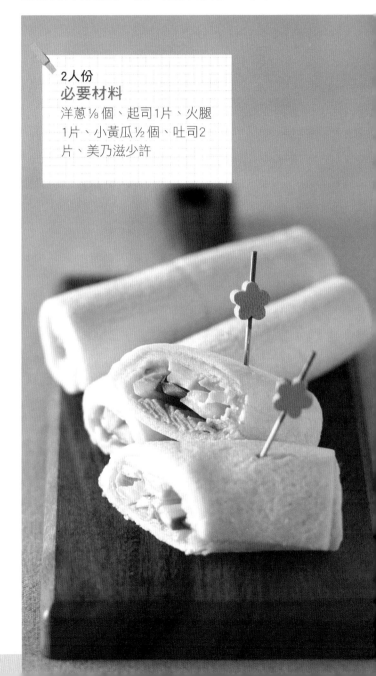

**2人份**
**必要材料**
洋蔥 ⅛ 個、起司1片、火腿1片、小黃瓜 ½ 個、吐司2片、美乃滋少許

# 以酥脆口感喚醒睡意的
# 香蒜法國麵包

買來的法國棍子麵包可以做成大蒜麵包、披薩麵包
冷凍起來，日後可以當早餐吃也可以當點心吃。

**2人份**

**必要材料**

法國棍子麵包1個、奶油
（4）、蒜泥（2）

**選擇性材料**

巴西里粉少許

1 棍子麵包切成斜片。

加一點
煉乳更
好吃！

2 讓奶油在室溫下融化，接
著加入蒜泥攪勻。

3 在棍子麵包上抹上奶油大
蒜，並灑上巴西里粉。

4 用烤箱或平底鍋稍微烤一
下即完成。

一顆水煮蛋，就能料理出簡單美味的雞蛋沙拉三明治，除了適合當早餐吃之外，營養也很充足喔！只要前一晚把材料準備好，早上起來把材料抹到麵包上就OK了！用吐司做也可以，但若使用小圓麵包，做出來的三明治不但比較鬆軟可口，也比較方便用手拿著吃。

**4人份**

**必要材料**
雞蛋2顆、切碎洋蔥（1）、
酸黃瓜（1）、小黃瓜½個、
鹽巴（0.2）、小圓麵包4個

**選擇性材料**
市售義大利甜醋醬（1）

如果家裡沒有甜醋醬，可用橄欖油（0.3）加醋（0.3）混合代替。

**調味料**
美乃滋（1）、芥末醬（0.3）、檸檬汁少許、鹽巴少許、胡椒粉少許

在前一晚就準備好

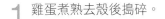

洋蔥和酸黃瓜在切碎之前先用廚房紙巾把水分擰乾，吃起來比較不沾口。

1 雞蛋煮熟去殼後搗碎。

2 洋蔥和酸黃瓜切碎，小黃瓜切片用鹽巴醃10分鐘，再擰乾水分切碎。

10分鐘快速早餐

3 將搗碎的雞蛋，切碎的洋蔥、酸黃瓜、小黃瓜以義大利甜醋醬拌過。

4 加入調味料做好內餡後就能上床去睡覺。

5 將小圓麵包切開，把內餡抹上後壓實即可。

66
天氣轉涼時，麵包也要加熱烤一下，這樣吃下肚才會暖暖的。有些人會覺得三明治內餡要盡可能豐富一點，其實夾了很多食材的三明治並不適合拿來當早餐，早餐三明治只要有蛋、洋蔥、火腿、美乃滋就很好吃了。 99

# 法蘭克香腸三明治

**2人份**
**必要材料**
吐司4片、洋蔥整顆切片4片、
法蘭克香腸2條、雞蛋2顆、
美乃滋（2）

也可以使用火腿或培根！

1 吐司以烤麵包機熱過或煎過。

2 洋蔥整顆切片。

3 法蘭克香腸切三刀四塊，稍微煎過。

4 以小火熱鍋後倒油，把蛋煎熟。

5 取兩片吐司，一片均勻抹上美乃滋，依序放上洋蔥、香腸、煎蛋。

6 把另一片吐司蓋上，用小砧板輕輕壓一下。

每次到鬧區我都會特別注意附近的小吃攤或商店有沒有推陳出新的食物，最近發現小時候常吃的熱狗外觀花樣百出，所以回家後也試著自己做這道大人、小孩都喜歡的點心。

# 微笑熱狗堡

**2人份**
**必要材料**
熱狗麵包2個、法蘭克香腸2個、切碎洋蔥（2）、切碎酸黃瓜（2）、市售芥末醬（1）、番茄醬（2）

如果打算帶便當，記得酸黃瓜切碎後把水分擰乾。

1 熱狗麵包以烤麵包機烤過或煎過。

2 將法蘭克香腸乾煎。

3 將洋蔥、酸黃瓜切碎。

切麵包時不要切到底，內餡才不會掉出來！

4 用刀子從熱狗麵包中間劃開，先塞入碎洋蔥跟碎酸黃瓜。

如果沒有熱狗麵包也可用吐司代替，只要將吐司對折即可。

5 放入煎過的香腸，淋上芥末醬和番茄醬。

6 用鋁箔紙包起來方便食用，可以搭配水果或牛奶一起吃。

66
路邊攤三明治是上班族跟學生最熟悉的早餐。三明治
只放基本的材料雖然好吃，但多放一些火腿、萵苣、
培根、小黃瓜可以讓味道更升級。如果睡得太晚或者
沒時間準備早餐，三明治馬上就可以打包帶走。99

最熟悉的媽媽味道

# 復古煎蛋三明治

**2個份量**
**必要材料**
洋蔥丁（4）、雞蛋2顆、
吐司4片

**調味料**
鹽巴少許、胡椒粉少許、
番茄醬（2）、糖（0.6）

可以用蒜苗代替洋蔥。

1 洋蔥切碎備用。

2 打蛋後加入洋蔥丁、鹽巴、胡椒粉攪勻。

3 熱鍋後倒油，以中火將蛋液煎熟。

若不加糖，改抹草莓果醬也很好吃！

用鋁箔紙包起來更方便食用！

4 吐司用平底鍋乾煎過。

5 把煎好的蛋放在吐司上，淋上番茄醬和糖。

6 把另一片吐司蓋上，切成4等分即完成。

女兒上高中第一個禮拜，我做了塞滿料的營養迷你漢堡，沒想到因為漢堡做得太厚，不能一口吃下，反而引發寶貝女兒一陣牢騷，我這才學到，原來早餐可以不必使用過多食材，「方便吃、大小適口」才是最重要的。

## 大小適中，當早餐將將好！
# 迷你漢堡蛋

**2個份量**
**必要材料**
市售漢堡肉2個、小圓麵包
2個、整顆洋蔥切片2片、
雞蛋2顆、美乃滋（1）

**選擇性材料**
番茄2片

市售的漢堡肉
煎熟後會縮水，
正好適合塞在小
圓麵包裡！

1 以平底鍋煎漢堡肉，蓋
上鋁箔紙後轉小火煎。

2 將小圓麵包切半，用烤
箱烤過或煎過。

3 洋蔥切成圓圈形狀。

4 以小火煎荷包蛋。

5 小圓麵包抹上美乃滋，
依序放上荷包蛋→漢堡
肉→番茄→洋蔥→小圓
麵包，最後用手稍微壓
實即完成。

披薩法國麵包是麵包店裡的熱賣商品，若不用法國麵包，也可以改用吐司、墨西哥薄餅、馬鈴薯代替，配料只要充分利用家裡現有的蔬菜、香菇、肉就可以了。

# 披薩法國麵包

**2人份**
**必要材料**
法國棍子麵包1個、洋蔥 ½ 個、火腿丁 ⅓ 杯、蟹肉1條、青椒 ½ 個、美乃滋少許、起司絲 ½ 杯、番茄醬少許

**選擇性材料**
罐頭玉米 ½ 杯、義大利麵番茄紅醬 ½ 杯

1 將棍子麵包切成兩半。

2 罐頭玉米倒在篩網上瀝乾水分。

3 洋蔥、火腿、蟹肉、青椒切碎備用。

可以用番茄醬代替義大利麵番茄紅醬。

4 棍子麵包上抹上番茄紅醬，接著放切碎的食材及玉米。

5 淋上美乃滋，灑一些馬蘇里拉起司絲後，以番茄醬裝飾。

可包上鋁箔紙，直接以小火在平底鍋上煎。

6 烤箱以200℃預熱後，將披薩法國麵包放進去烤到起司融化即可。

這是英國女王很喜歡吃的三明治，大概因為這樣，英國到處
都能買到只加了小黃瓜和奶油乳酪的三明治。花點巧思改變
三明治的外觀，就能做出讓家人驚艷的另類三明治喔！

# 英國女王的最愛
# 清爽小黃瓜三明治

**2人份**
**必要材料**
小黃瓜1條、吐司2片、奶油乳酪（1）、
胡椒粒少許、鹽巴少許
**選擇性材料**
巴西里粉少許

使用削皮器比較方便！

可以抹美乃滋，改成奶油或草莓果醬也OK！

**1** 小黃瓜抹鹽巴洗淨後，
用削皮器削成長長薄薄
的一片。

**2** 在吐司上塗奶油乳酪。

**3** 把小黃瓜以斜向一片一
片地鋪在吐司上。

**4** 把邊緣多餘的小黃瓜切
掉，磨一些胡椒粒在上
頭，並灑上少許鹽巴。

**5** 跟小黃瓜紋路呈直角方
式將吐司切開，最後灑
上巴西里粉即完成。

蛋堡是速食店專為上班族打造的早餐，在家如法炮製
外面才吃得到的蛋堡，家人都覺得很新鮮。英式馬芬
可在各大超市或麵包店買到。**"**

# 馬芬培根蛋堡

**2個份量**
**必要材料**
英式馬芬2個、起司
片2片、雞蛋2顆、
培根2片、美乃滋
（1.5）

**選擇性材料**
洋蔥⅛個

使用煎蛋
器或烤餅乾
的模型煎蛋，
形狀會更俐
落漂亮！

1 洋蔥切絲。

2 英式馬芬切開，用鍋子
乾煎至表面呈金黃色。

3 鍋內倒油，煎一顆荷包
蛋備用。

4 培根煎到酥脆，放在紙
巾上吸油。

5 在馬芬上擺起司片、荷
包蛋、培根、洋蔥絲，
抹上美乃滋後，再蓋上
另一片馬芬即完成。

## 延伸食譜

### 好吃薯餅

前一晚就把薯餅做好，
隔天早上只要煎過就OK囉！

**必要材料**
馬鈴薯1個、太白粉（1）、鹽巴少許、胡椒粉少許

❶ 馬鈴薯切小丁後，裝在碗裡加1杯水，放入進微波爐
　加熱4分鐘，也可以直接用電鍋蒸熟。

❷ 完成後，在熟透的馬鈴薯加入太白粉、鹽巴、胡椒
　粉，充分拌勻後用手捏壓成寬扁的形狀。

❸ 熱鍋後倒油，以小火煎直到薯餅兩面呈金黃色。

逛街時若看到可愛的碗盤和餐具，我都會蒐集起來，當作早餐加分法寶。雖說孩子們早上缺乏食慾，但是看到食物裝在可愛盤子裡時，也會展露微笑。

用三明治壓模器做出的
# 起司火腿口袋吐司

**1個份量**
**必要材料**
吐司2片、起司1片、
火腿1片

1 各放一片起司和火腿在吐司上。

2 蓋上另一片吐司後，放在鍋子裡
　以小火乾煎，三明治上頭用有重
　量的鍋子壓住。

如果沒有
三明治壓模
器，也可以使
用家裡現有
的容器。

3 等起司融化後取出，以三明治壓
　模器按壓。

4 斜切後就完成囉！

三明治的吐司如果替換成棍子麵包、黑麥麵包或拖鞋麵包，就可以帶來全新的味覺與視覺感受。三明治做得太厚會不方便進食，所以做的時候盡可能壓實，內餡才不會輕易掉出來。早餐的最高原則就是要「方便吃」！

# 拖鞋麵包三明治

**2個份量**
**必要材料**
拖鞋麵包2個、萵苣2片、整顆洋蔥切片2片、火腿2片、起司2片、美乃滋（2）

**選擇性材料**
雞蛋2顆

> 拖鞋麵包是一種外酥內軟的義式麵包。

1 將拖鞋麵包切成兩半。

2 萵苣洗淨後瀝乾水分，洋蔥整顆切片。

3 煎火腿片，同時煎一顆荷包蛋。

4 麵包依序放上萵苣→洋蔥→美乃滋→火腿→起司→荷包蛋。

> 以小火熱鍋煎三明治，上面用有重量的鍋子壓住。

5 用鍋子稍微乾煎到起司融化後，再以三明治壓模器按壓即完成。

因為我早上總是會賴床，所以會在前一晚就把杯子三明治的鮪魚內餡做好，如果打算讓孩子帶去學校吃，記得洋蔥先用鹽巴醃過，完成後一定要把水分擰乾，這樣才不會出水。改變三明治的形狀真的很有趣，在料理或食用時增加了活潑的氣息。

# 外型出眾、營養滿分的
# 鮪魚杯子三明治

**5人份**
**必要材料**
吐司10片、罐頭鮪魚、
碎洋蔥丁（4）、切碎
的酸黃瓜（2）

**調味料**
美乃滋（3）、鹽巴少
許、胡椒粉少許

直接使用整片吐司！

1 吐司切邊。

2 把吐司塞進馬芬蛋糕烤盤裡，烤箱以200℃預熱後，放入烤5分鐘。

3 把鮪魚倒在網篩上瀝乾油水，洋蔥和酸黃瓜切碎備用。

4 將鮪魚、碎洋蔥、酸黃瓜放在容器裡拌勻，最後以美乃滋、鹽巴、胡椒粉調味。

5 把鮪魚內餡塞在吐司凹陷處即完成。

## Tip

可在前一晚先把鮪魚內餡做好，放在保鮮盒裡冷藏，直接抹在吐司上吃，也是一頓豐盛的早餐呢！

"" 蜜糖吐司是最近人氣高漲的早午餐菜色，早上將香甜可口的密糖吐司烤過，外酥內軟的口感令人回味再三。蜜糖吐司的外型討喜、滋味誘人，十分適合在悠閒的週末享用，也是招待客人非常體面的點心。""

# 女孩、貴婦的時尚早餐
# 奶油蜜糖吐司

**1個份量**
**必要材料**
厚片吐司1個、奶油（2）、
蜂蜜（2）、糖½杯

**選擇性材料**
糖粉（0.5）、肉桂粉少許

也可買整條吐司，請店家切取需要的大小。

把2到3片普通土司疊在一起也OK！

**1** 把吐司切成厚片。

**2** 奶油放在室溫下融化。

使用裝在壓擠式容器裡的蜂蜜較方便！

可以用水果或鮮奶油裝飾，美味令人難以抗拒！

**3** 在距離吐司邊緣1cm的地方用刀子劃X，在隙縫處擠入蜂蜜。

**4** 在吐司表面塗上奶油，最後再塗一層糖。

**5** 烤箱以200℃預熱，放入吐司烤5～10分，最後灑上糖粉和肉桂粉。

BLT代表最基本的三種內餡：培根（B）、萵苣（L）、番茄（T），要是沒有培根，可以用香腸、火腿代替，若想吃多一點，可以再多煎一顆荷包蛋。

# 大口吃出活力的
# BLT三明治

**1個份量**
**必要材料**
吐司2片、培根2片、
萵苣2片、番茄1片、
美乃滋少許

**1** 吐司放在鍋子裡乾煎。

**2** 將培根煎到酥脆，放在紙巾上吸油。

**3** 萵苣洗淨瀝乾水分。

**4** 番茄切片，把籽挖掉。

**5** 吐司上依序放上培根→萵苣→番茄→美乃滋→吐司，最後再以有重量的鍋子壓過即完成。

# PART 8

## 週末的幸福，從「美味早餐」開始！

　　週末雖然家裡會叫外送或者上館子吃飯，不過至少有一餐希望盡量自己煮。我平常只為孩子準備早餐，為了彌補他們，週末我會做一些孩子喜歡吃的點心。

　　週末跟家人一起出門選購食材、決定要做什麼菜，對我來說是一種樂趣。平常我們家會先投票選出最想吃的食物，等週末再跟孩子一起動手做，享受親子一起下廚的樂趣。還要記得利用週末先把耗時的菜煮好，或事先把肉醃起來放，這樣平日準備早餐就能輕鬆許多。

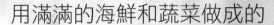
用滿滿的海鮮和蔬菜做成的

# 什錦海鮮炒烏龍麵

" 孩子剛上高中的第一個禮拜，母女倆因為要提早到校
而吃盡苦頭，總算在週末可以睡晚一點，享受睡飽飽
的幸福時光，所以週末我都會做家人喜歡吃的菜，這
一道便是有肉、海鮮、蔬菜等豐富食材的炒烏龍麵。"

**2人份**

**必要材料**

烏龍麵1包、豆芽菜2把、高麗菜⅙個、洋蔥⅕個、
培根3片、大蒜1瓣、蒜苗白色部分3cm

**選擇性材料**

香菇2朵、辣椒油（2）、柴魚¼杯

**醬料**

鹽巴少許、胡椒粉少許、芝麻油（0.5）、美乃滋
（2）、豬排沾醬（2）

**調味料**

糖（1）、清酒（2）、蠔油（1）、辣醬油（1）、
鹽巴少許、胡椒粉少許

1　烏龍麵稍微燙熟，用冷
水沖過後放在網篩上瀝
乾水分。

2　將豆芽菜洗乾淨，香菇
切絲。

3　高麗菜、洋蔥、培根切
絲，蒜頭切片。

4　熱鍋後倒辣椒油，先放
蒜片、蒜苗爆香。

5　放入培根以大火炒到酥
脆，接著放入豆芽菜以
外的所有蔬菜，炒到變
軟為止。

6　加入烏龍麵與醬料一起
炒，以鹽巴、胡椒粉調
味，最後加入豆芽菜和
芝麻油拌炒。

也可以改
放海鮮！

7　裝盤後淋上美乃滋、豬
排沾醬、柴魚片。

> 很多人認為我在家自己做生魚片壽司很不可思議，其實大型超市的冷凍食品區裡，有賣許多壽司專用的生鮮食材，買回家後可以分裝成小包冷凍，若能事先調好壽司飯用的配方醋，那麼就能順便做捲壽司和豆皮壽司了。

# 生魚片握壽司

**20個份量**
**必要材料**
白飯4碗、海帶1片、壽司專用生魚片
20個、芥末少許

**配方醋**
鹽巴（1.5）、糖⅔杯、醋1杯

米和水的比例為1:1，用普通的鍋子或電鍋煮，反而會比壓力鍋煮的軟硬恰到好處！

可多做一點配方醋，冷卻後放在冰箱裡保存。

1 鍋內加4杯水放入白米、海帶煮成熟飯。

2 將生魚片放到冷藏室解凍，或者整袋浸在冷水裡解凍10分鐘。

3 鍋內放入配方醋的材料，一直加熱到糖融化。

4 將配方醋倒入白飯中。

5 白飯捏成適口的長條狀，抹上芥末。

6 放上生魚片，用手稍微按壓一下即完成。

蛤蜊產季是夏天，所以夏天吃白酒蛤蜊義大利麵最適合了，只要有新鮮的蛤蜊，人人都可以做出好吃的義大利麵！醃番茄雖然製作不易，不過辛苦是有代價的，因為真的非常好吃，而且外觀也很討喜，是每個人都會喜歡的點心。

# 白酒蛤蜊義大利麵

只要有新鮮蛤蜊就夠了！

淋上少許橄欖油，麵條就不會腫脹。

## 1人份
### 必要材料
義大利麵160g、蒜頭2瓣、洋蔥¼個、蛤蜊300g、切碎的羅勒1把

### 調味料
鹽巴（1）、橄欖油½杯、白酒½杯、胡椒粉少許

1 蒜頭用刀背拍碎，洋蔥切碎。

2 義大利麵放在加鹽的滾水裡煮8~10分鐘。

煮義大利麵的水別倒掉，可用來調整湯汁的濃稠度。

3 熱鍋後倒橄欖油，蒜頭爆香後再放入碎洋蔥，一直炒到呈褐色。

4 加入蛤蜊和白酒，蓋上鍋蓋轉大火，煮到蛤蜊開口為止。

5 加入義大利麵、切碎羅勒，最後以鹽巴、胡椒粉調味即完成。

# 超對味醃番茄

## 2人份
### 必要材料
聖女番茄20粒、洋蔥½個、羅勒5片

### 調味料
義大利甜醋醬（1）、鹽巴少許、胡椒粉少許、橄欖油（4）

冷藏後享用更美味！

1 用刀子在番茄上劃十字，用滾水稍微燙過，再放入冷水剝皮。

2 調味料充分攪拌後，加入切碎的洋蔥和羅勒。

3 將調味料倒在寬盤裡，放入番茄攪勻即完成。

"

家庭主婦通常最不喜歡週末，因為家人總是一整天嚷著要吃東西，既然無可避免，那就放開心胸接受吧！何況一個星期中只有一天這樣，想吃炸雞雖然可以叫外送，不過外面賣的畢竟比較不健康，吃起來總是過油或過鹹，所以可以考慮在家裡用乾淨的油，炸出和外送一樣美味的食物。"

# 一吃難忘、外脆內嫩的
# 韓式橋村炸雞

**人份**
**必要材料**
雞翅500g、牛奶½杯、炸雞粉½杯

**調味料**
鹽巴少許、胡椒粉少許

**醬汁**
水½杯、糖（1）、醬油（4）、醋
（2）、清酒（4）、蠔油（2）、蒜
泥（1）、果糖（4）、薑粉（0.2）、
胡椒粉少許

用筷子試溫度時，先放入油中3～4秒，若周圍凝聚許多氣泡表示是適當的溫度。

用高油溫進行第二次油炸，更酥脆好吃！

1 雞翅用牛奶浸泡10分鐘撈起，以鹽巴、胡椒粉調味。

2 雞翅平均裹上炸雞粉，記得抖掉多餘的粉。

3 以170℃的油炸雞翅，完成後再以180℃的油炸一次。

如果喜歡吃辣，可以加乾辣椒。

也可以抹上調味醬，放入200℃烤箱烤10分鐘。

4 另起一鍋煮醬汁。

5 放入炸過的雞翅，以用小火煮到入味。

6 煮到醬汁收乾即完成。

> 青椒炒肉絲常使用青椒，其實若使用辣椒味道會更香、更好吃，如果這道菜平時就很受家人歡迎，料理時不妨多做一些比較保險，要是沒吃完，隔天早上還可以拿來做成蓋飯。

青椒與饅頭的絕妙組合

# 青椒炒肉絲 & 花捲饅頭

豬肉先用蛋白拌過，肉質更軟嫩！

**4人份**

**必要材料**

豬肉絲300g、太白粉少許、青椒1個、洋蔥½個、蒜頭2瓣、蒜苗白色部分10cm、花捲饅頭8個

**調味料**

鹽巴（0.3）、薑粉（0.2）、胡椒粉少許

**醬料**

蠔油（4）、鹽巴少許、芝麻油（1）

1 豬肉絲調過味後，裹上太白粉。

2 辣椒切半去籽切成絲，洋蔥也切成絲。

3 鍋內倒多一點油，先爆香蒜頭和蒜苗。

4 放入肉絲以筷子拌炒。

筷子可以戳進去，表示已經熟了

5 肉炒熟之後，加入辣椒和洋蔥繼續炒。

6 加入蠔油、鹽巴調味，再拌入芝麻油。

7 花捲饅頭蒸好後搭配青椒炒肉絲一起吃。

令人食指大動，吃出新鮮原味的
# 羅勒番茄義大利麵

66

吃番茄對身體很好，不妨趁番茄價格低廉的夏天多吃
一點。用含水量較少的李子型番茄做義大利麵最好
吃，製作番茄醬時若能放入醃過的續隨子花蕾，以及
歐洲鯷魚醬，滋味更佳。99

## 2人份
**必要材料**

番茄3個、橄欖油（3）、蒜頭4瓣、洋蔥丁½杯、奶油（1）、義大利麵160g、鹽巴少許、胡椒粉少許

**選擇性材料**

醃續隨子花蕾（1）、歐洲鯷魚醬（2）、雞湯（0.5）、羅勒葉10片

1 在滾水中放入鹽巴與麵條，煮8～10分鐘後撈起，拌一些橄欖油。

2 番茄去籽搗碎，醃續隨子花蕾和歐洲鯷魚醬搗碎，或以調理機攪碎。

也可以使用整粒番茄罐頭！

3 將攪碎的醃續隨子花蕾、歐洲鯷魚醬炒過備用。用橄欖油爆香蒜片，放入洋蔥拌炒。

4 倒入番茄一直煮到水分收乾，完成後加入奶油、雞湯。

5 放入義大利麵，接著放碎羅勒葉，以鹽巴、胡椒粉調味即完成。

---

# 甜醋紅蘿蔔沙拉

## 2人份
**必要材料**

紅蘿蔔1個、橄欖油（3）、義大利甜醋醬（1）、鹽巴少許、胡椒粉少許

1 紅蘿蔔切絲。

加點碎羅勒葉也很好吃！

2 加入橄欖油、甜醋醬、鹽巴、胡椒粉後拌勻即完成。

天氣寒冷的日子，我每個月都會煮排骨湯備用，這樣
準備早餐就不用太費工了。如果每天吃會很容易膩，
所以我都會把煮好的排骨湯分成小包裝冷凍，一星期
準備一天排骨湯，在湯裡加點麵條或冬粉尤其美味。

一鍋就擁有豐富營養食材的
# 蒜苗蘿蔔排骨湯

在前一晚
就準備好

兩個小時
換一次水。

## 10餐份量
**必要材料**
排骨1kg、白蘿蔔300g、
蒜苗10cm、鹽巴少許、
胡椒粉少許

**選擇性材料**
紅棗20顆、雞蛋1顆、
冬粉1把、蒜苗絲少許

**芥末醬油**
醬油（3）、水（1）、
芥末醬（1）

1 排骨在冷水裡浸泡6個
小時去除血水。

1小時後再
放入白蘿蔔
和蒜苗。

2 排骨用滾水煮10分鐘，
把水倒掉，將排骨和鍋
子洗過一次。

3 再次將排骨放進鍋子
裡，水加到八分滿，以
中火熬煮2個小時。

10分鐘
快速早餐

可在前
一晚做好
蛋絲！

4 睡前撈掉蒜苗，把排骨
和白蘿蔔撈起來，放在
陰涼處，等油脂凝聚後，
把油脂撈起來。

5 取一餐份的牛排骨、高
湯、浸泡過的冬粉、棗
子放在小鍋子裡煮。

6 以鹽巴、胡椒粉調味後
起鍋，灑上蒜苗絲和蛋
絲，再端出芥末醬油搭
配即完成。

# 吃到飽的至尊菜色
# 煙燻鮭魚沙拉

這道沙拉特別適合拿來做開胃小菜，製作的方法非常簡單，重點是擺盤要擺得夠漂亮！

1 事先調好醬汁，放在冰箱裡冷藏備用。

2 鮭魚切片後裝盤，擺上切成圈圈的洋蔥。

3 淋上冰到透涼的醬汁。

4 將續隨子花蕾均勻灑在鮭魚上。

以鹽巴醃漬過的續隨子花蕾，可以幫較油膩的鮭魚或生鮮食材解膩。在沙拉醬裡加一些攪碎的醃續隨子花蕾，風味更佳！

**2人份**
**必要材料**
煙燻鮭魚200g、洋蔥 ½ 個、醃續隨子花蕾（3）

**醬汁**
切碎羅勒葉 ½ 杯、檸檬汁（4）、鹽巴少許、胡椒粉少許、橄欖油

若沒有羅勒葉也可以省略。

# 迷你黃金熱狗

讓人憶起兒時點滴的

週末跟孩子們一起賴床時，起床後就做小熱狗當點心。其實只要把食物縮小尺寸，看起來都很討喜。

**4人份**
**必要材料**
維也納香腸1包、麵粉（3）、
煎餅粉180g、番茄醬少許

1　將維也納香腸一個個以竹籤串上並裹上麵粉，完成後抖掉多餘的麵粉。

2　煎餅粉加半杯水調成麵糊，讓香腸裹上麵衣。

3　將香腸放入180℃的油鍋內炸到呈金黃色。

淋上芥末醬也很好吃！

4　炸完後放在紙巾上吸油，最後淋上番茄醬即完成。

> 66
> 宮保蝦仁是一道男女老少都愛吃的菜，若是做給小朋友吃，可改放甜辣醬；大人吃的話，就放辣椒醬。家庭主婦並不是專業廚師，請拋開要「自製」醬汁的想法。如果不知道如何剝蝦殼、去除腸泥，使用冷凍蝦仁會比較方便。99

# 宮保蝦仁

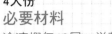

**4人份**

**必要材料**

冷凍蝦仁40尾、洋蔥1個、蒜苗白
色的部分10cm、蒜頭2瓣、辣椒
乾1個、罐頭玉米½杯

**宮保醬**

胡椒粉少許、太白粉（2）、甜辣
醬3杯、芝麻油（1）

1 在料理1小時前把冷凍
蝦仁放到冷藏室解凍。

2 洋蔥切碎，蒜苗、蒜
頭、辣椒乾切成薄片。

3 用廚房紙巾把蝦仁上的
水分吸乾，灑上胡椒粉
與太白粉，並輕輕抖掉
多餘的粉。

4 蝦仁放進180℃的熱油
鍋內油炸，顏色變粉紅
色時就撈起。

5 炸好的蝦仁放在紙巾上
吸油。

6 鍋內倒油，把蒜苗、蒜
頭、辣椒乾放入拌炒，
途中放入洋蔥、玉米，
最後倒甜辣醬收乾。

7 放入炸好的蝦仁下去攪
拌，最後加芝麻油。

冰涼的蕎麥麵跟炸蝦、炸豬排等炸物簡直就是天生一
對，蕎麥麵的醬汁可以直接買現成的，自製的材料費
會比現成的醬汁要貴上許多。另可買一包未熟的冷凍
蝦子回家存放，就能隨時變出義大利麵、宮保蝦仁、
炸蝦等多種料理。

# 夏天必備的
# 蕎麥麵
# &炸蝦

**4人份**
**必要材料**
冷凍蝦20尾、雞蛋2顆、麵粉1杯、麵包粉1杯、生的蕎麥麵4人份、蕎麥麵醬汁1杯、海苔絲少許

**選擇性材料**
市售塔塔醬少許、白蘿蔔50g、芥末少許

**調味料**
鹽巴少許、胡椒粉少許

冷凍熟蝦仁煮出來沒有蝦子的香味，請使用未熟的冷凍蝦。

1 在料理1小時前把冷凍蝦仁放到冷藏室解凍。

2 用紙巾把蝦仁的水分吸乾後進行調味，打一顆蛋備用。

3 依照順序讓蝦子裹上麵粉→蛋液→麵包粉。

4 蝦子放到180℃的熱油鍋裡炸，完成後放在廚房紙巾上吸油。

5 蕎麥麵煮熟，完成後以冷水沖過，之後把水分瀝乾。

6 蕎麥麵醬汁加水稀釋，依照個人喜好加入白蘿蔔泥、芥末，最後灑上海苔絲。

週末為了慰勞過去一週辛苦的家人，我會特別嘗試一些新菜色。這一款加州捲是我很推薦的新奇料理，外表比一般的壽司還要華麗，絕對能夠滿足視覺上的享受。它最大的特色是加了酪梨，除了讓口感更柔嫩，營養價值也大大提升了，搭配味噌湯滋味更是一絕！

**4人份**

**必要材料**

白飯4碗、酪梨1個、蟹肉（4）、
海苔4片、醃蘿蔔（4）

**配方醋**

糖（6）、鹽巴（1）、醋（10）

**調味料**

鹽巴及胡椒粉少許、美乃滋（2）

**醬料**

美乃滋（4）、芥末（1）

視覺也一同享受的

# 創意加州捲

> 要是沒有酪梨，可以將小黃瓜削皮，最後將皮的部分切絲使用。

1 把配方醋加在熱呼呼的白飯裡，拌勻後冷卻。

2 將熟透的酪梨對切，把籽挖出，剝皮後切片。

3 蟹肉撕成絲，以鹽巴、胡椒粉調味，最後以美乃滋拌勻。

> 可以灑一些黑芝麻或飛魚卵。

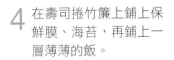

4 在壽司捲竹簾上鋪上保鮮膜、海苔，再鋪上一層薄薄的飯。

5 將鋪好的海苔和飯翻轉過來，加入蟹肉、酪梨、醃蘿蔔後捲起來。

6 拿掉竹簾後，先讓加州捲包在保鮮膜裡定型，完成後切成適口大小，淋上醬料即完成。

把食物捲起來吃的美食，外觀通常賞心悅目。香煎牛肉片也可以把菜捲起來吃，雖然製作過程比較繁瑣，不過辛苦是有代價的，因為味道跟賣相都屬一流。**"**

# 可以吃到肉跟蔬菜的
# 香煎牛肉片

**2人份**

**必要材料**

蒜苗白色的部分10cm、芝麻葉20片、牛肉片200g、太白粉（2）

**調味料**

鹽巴少許、胡椒粉少許

**醬汁**

醬油（2）、芥末醬（0.5）

> 薄切的牛肉片可以在大賣場買到，或者請肉舖老闆幫忙切好，後腿肉最適合！

1 蒜苗切半後切絲，浸泡在冷水裡去除嗆辣味。

2 芝麻葉切絲浸在冷水裡備用。

3 牛肉鋪平進行調味。

4 灑上太白粉，抖掉多餘的粉。

5 以小火熱鍋後倒油，開始煎肉。

> 全部食材裝在大盤子裡，這樣就可以一起包著吃！

6 起鍋後把牛肉片鋪平裝在盤子裡，擺上一些蒜苗絲和芝麻葉絲，再佐上醬汁即完成。

孩子們覺得義大利麵中奶油義大利麵最好吃。料理時最好使用寬麵條，這樣才能沾上滿滿的奶油醬，如果家中沒有寬面條，普通義大利麵條也可以。

突然想吃滑膩口感食物時的
# 經典奶油義大利麵

**2人份**
**必要材料**
義大利寬麵條160g、蒜頭3瓣、洋蔥 ½個、培根6片、
花椰菜 ½朵、白酒（3）、牛奶1杯、鮮奶油2杯

**調味料**
橄欖油（3）、鹽巴少許、胡椒粉少許、巴西里粉少
許、磨好的帕梅森起司（2）

> 義大利寬麵的麵條較寬扁，能夠沾到醬汁的面積較廣，可吃到更濃厚的醬汁香味！

1 將鹽巴、義大利寬麵用滾水煮10分鐘，完成後撈起拌一些橄欖油。

2 蒜頭切片，洋蔥、培根切絲備用。

3 花椰菜切成適口大小後，以滾水燙熟。

4 熱鍋後倒油，把培根煎到酥脆後加入白酒讓培根的香味完全釋放。

5 加入洋蔥拌炒，接著放入花椰菜、牛奶、鮮奶油一起煮。

6 加入義大利麵，稍微翻炒一下，以鹽巴、胡椒粉調味，最後灑上巴西里粉和帕梅森起司。

一家人只有在週末才能齊聚在餐桌前吃飯,趁這個時候煮個部隊鍋來圍爐,一邊吃美食、一邊天南地北的聊天,可以讓人放鬆心情,這也是一種悠閒度過假日的方式,如果孩子都大了,千萬別忘記多準備一些午餐肉和香腸喔!

# 適合跟家人圍在一起享用的
# 部隊鍋

**4人份**

## 必要材料

小魚乾15尾、洋蔥 ½ 個、蒜苗10cm、
午餐肉200g、法蘭克香腸 ½ 包、泡菜
½ 杯、罐頭焗豆（4）、碎豬肉或牛肉
½ 杯、泡麵1包

## 選擇性材料

甜不辣2塊、豆腐 ⅕ 塊、水餃10個、
年糕片 ½ 杯

## 調味醬

辣椒粉（2）、醬油（2）、清酒（1）、
蒜泥（1）、胡椒粉少許、高湯 ½ 杯

> 焗豆是一種用番茄汁煮的豆子，可在大型超市買到！

1　鍋內加6杯水放入小魚乾煮10分鐘，完成後將小魚乾撈起。

2　事先把調味醬調好，加進辣椒粉拌勻。

3　洋蔥和蒜苗切絲，午餐肉切薄片，香腸片、泡菜切成小丁。

4　使用深度稍淺的鍋子煮，材料沿著鍋邊排好，將焗豆和碎肉擺在中央後，倒入高湯。

5　倒入一半調味醬，一直煮到味道出來。

6　把泡麵放入，最後再倒入剩下的調味醬，試完口味後即完成。

燴飯和溜三絲因為含有多種食材，是一道養眼又美味的
中國美食，加一點豬肉湯汁味道會更鮮美。每次做的時
候我總會多做一些冷藏，偶爾也會端出來當早餐吃。 99

# 食材越豐富就越好吃的
# 蠔油海鮮燴飯

**2人份**
**必要材料**
綜合海鮮包200g、竹筍切片1杯，青椒½個、洋蔥½個、香菇2朵、
蒜苗白色部分5cm、大蒜2瓣、小魚乾高湯2杯、白飯1碗

**選擇性材料**
冷凍蝦4尾、紅蘿蔔少許、辣椒乾1個、生薑3片

**調味料**
清酒（1）、醬油（1）、蠔油（2）、胡椒粉少許、芝麻油（1）

**勾芡用**
太白粉（1）
水（1）

**1** 將各式海鮮解凍。

**2** 竹筍、青椒、洋蔥、紅蘿蔔、香菇切成適口的大小。

**3** 蒜苗、蒜頭、辣椒乾、生薑切成薄片。

**4** 炒菜鍋內倒油，放入辣椒乾、蒜苗、生薑、蒜頭拌炒。

**5** 放入蔬菜後稍微炒一下，再加入海鮮和清酒繼續拌炒。

**6** 倒入高湯後，加醬油、蠔油、胡椒粉調味，接著以太白粉水勾芡，再拌入一些芝麻油，起鍋倒在白飯上即完成。

> 我會一次醃大量排骨備用，這樣早上只要拿出來烤一烤就大功告成了。千萬不要一聽到需要用到醃醬就打退堂鼓，其實最近外面賣的現成醃醬味道都不錯。

# 小朋友最愛的
# 紅酒蜜汁排骨

**4人份**

**必要材料**

排骨400g、洋蔥1個、蒜苗1支、清酒1杯

**選擇性材料**

馬鈴薯2顆、花椰菜½個、聖女番茄10粒

**醬汁**

糖½杯、紅酒½杯、市售BBQ醬2杯、番茄醬1杯

夏天請放在冰箱裡去除血水。

**1** 排骨泡在冷水裡至少2個小時，以去除血水。

**2** 仔細用刀子從骨頭和骨頭之間輕輕劃開，比較快熟而且方便食用。

**3** 在大鍋內放入排骨、洋蔥、蒜苗、清酒、2杯水，以小火煮30分鐘。

**4** 鍋內放入醬汁和煮好的排骨，一直煨到收汁入味為止。

**5** 馬鈴薯煮熟切塊，花椰菜汆燙。

**6** 將煮好的排骨、馬鈴薯、花椰菜擺盤，再擺上番茄即可。

240 | 241

以粥結尾的
# 總匯涮涮鍋

" 吃火鍋時，只要把食物準備齊全，不用經過煎煮炒炸的過程也能吃得澎湃，也很適合招待客人。如果發現家裡的肉不夠，可以加入水餃、甜不辣這類食物，吃完後以湯麵或粥做個結尾。非常適合天氣冷的時候吃！ "

**4人份**

## 必要材料

大白菜¼個、秀珍菇¼包、金針菇1包、涮涮鍋用牛肉片300g

## 選擇性材料

芝麻葉20片、豆芽菜3把、豆皮½包、甜不辣2片、湯餃8個、茼蒿1把、拉麵2人份

## 湯底材料

煮湯用小魚乾15尾、海帶1片、清酒（2）、鹽巴（1）

## 沾醬

醬油（4）、醋（1）、芥末（1）

## 煮粥材料

白飯1碗、雞蛋1顆、切碎的蒜苗（2），海苔絲1片、泡菜丁½杯、芝麻油（1）

1 5杯水裡放入小魚乾、海帶熬煮，水滾後把海帶撈起，10分鐘後也把小魚乾撈起，接著加入清酒和鹽巴備用。

2 大白菜切成適口大小，秀珍菇一根根分開，金針菇去尾。

3 茼蒿、豆芽菜洗淨瀝乾水分，豆皮和甜不辣切成適口大小，湯餃取出備用。

芝麻醬和柚子醋可在超市購買。

4 牛肉片取出備用。

5 鍋子放在電磁爐上，等湯底開始滾後，就可以放入準備好的食材邊涮邊吃。

6 拉麵吃完後，接著把煮粥的材料放入剩下的湯底裡煮到軟爛即完成。

生活樹系列 002

## 10 分鐘做早餐〔修訂版〕
一個人吃、兩人吃、全家吃都充滿幸福的 120 道早餐提案

| | |
|---|---|
| 作　　　者 | 崔耕真 |
| 譯　　　者 | 李靜宜 |
| 總　編　輯 | 何玉美 |
| 副總編輯 | 陳永芬 |
| 主　　　編 | 紀欣怡 |
| 封面設計 | 蕭旭芳 |
| 內文排版 | 內文排版 菩薩蠻數位文化有限公司 |

| | |
|---|---|
| 出版發行 | 采實出版集團 |
| 行銷企劃 | 黃文慧 |
| 業務發行 | 張世明・楊筱薔・鍾承達・李韶婕 |
| 會計行政 | 王雅蕙・李韶婉 |
| 法律顧問 | 第一國際法律事務所　余淑杏律師 |
| 電子信箱 | acme@acmebook.com.tw |
| 采實粉絲團 | http://www.facebook.com/acmebook |

| | |
|---|---|
| I S B N | 978-986-93030-5-7 |
| 定　　　價 | 360 元 |
| 二版一刷 | 2016 年 6 月 |
| 劃撥帳號 | 50148859 |
| 劃撥戶名 | 采實文化事業股份有限公司 |
| | 104 台北市中山區建國北路二段 92 號 9 樓 |
| | 電話：(02)2518-5198 |
| | 傳真：(02)2518-2098 |

國家圖書館出版品預行編目資料

10 分鐘做早餐：一個人吃、兩人吃、全家吃都充滿
幸福的 120 道早餐提案 / 崔耕真作；李靜宜譯 . --
修訂初版 . -- 臺北市：采實文化，2016.06
　　面；　公分 . -- ( 生活樹系列；02)
ISBN 978-986-93030-5-7( 平裝 )

1. 食譜

427.1　　　　　　　　　　　　　　105006319

廣 告 回 信
台 北 郵 局 登 記 證
台北廣字第03720號
免 貼 郵 票

 采實文化 ACME PUBLISHING **采實文化事業有限公司**

104台北市中山區建國北路二段92號9樓

**采實文化讀者服務部　收**

讀者服務專線：02-2518-5198

每天都要GOOD　MORNING!

# 🍴 10 分 鐘 做 早 餐 🥄

一個人吃 兩個人吃 全家吃都充滿幸福的120道早餐提案

# 10分鐘做早餐〔修訂版〕

一個人吃、兩人吃、全家吃都充滿幸福的120道早餐提案

**讀者資料**（本資料只供出版社內部建檔及寄送必要書訊使用）：

1. 姓名：

2. 性別：□男　□女

3. 出生年月日：民國　　　　年　　　　月　　　　日（年齡：　　　歲）

4. 教育程度：□大學以上　□大學　□專科　□高中（職）　□國中　□國小以下（含國小）

5. 聯絡地址：

6. 聯絡電話：

7. 電子郵件信箱：

8. 是否願意收到出版物相關資料：□願意　□不願意

**購書資訊：**

1. 您在哪裡購買本書？□金石堂（含金石堂網路書店）　□誠品　□何嘉仁　□博客來
　□墊腳石　□其他：_____（請寫書店名稱）

2. 購買本書日期是？_____年_____月_____日

3. 您從哪裡得到這本書的相關訊息？□報紙廣告　□雜誌　□電視　□廣播　□親朋好友告知
　□逛書店看到　□別人送的　□網路上看到

4. 什麼原因讓你購買本書？□喜歡料理　□注重健康　□被書名吸引才買的　□封面吸引人
　□內容好，想買回去做做看　□其他：_____（請寫原因）

5. 看過書以後，您覺得本書的內容：□很好　□普通　□差強人意　□應再加強　□不夠充實
　□很差　□令人失望

6. 對這本書的整體包裝設計，您覺得：□都很好　□封面吸引人，但內頁編排有待加強
　□封面不夠吸引人，內頁編排很棒　□封面和內頁編排都有待加強　□封面和內頁編排都很差

**寫下您對本書及出版社的建議：**

1. 您最喜歡本書的特點：□圖片精美　□實用簡單　□包裝設計　□內容充實

2. 關於早餐或料理的訊息，您還想知道的有哪些？
_____
_____

3. 您對書中所傳達的步驟示範，有沒有不清楚的地方？
_____
_____

4. 未來，您還希望我們出版哪一方面的書籍？
_____
_____

# 經典歐式麵包大全

## 60 道經典麵包配方 × 500 張精彩照片圖解

義大利佛卡夏・法國長棍・德國黑裸麥麵包，
「世界級金牌烘焙師」60 道經典麵包食譜

艾曼紐・哈吉昂德魯◎著

---

# 可愛風手作小麵包

## 揉麵只要 60 下，3 步驟就完成

太陽蛋小麵包 ・ 迷你貝果 ・ 超萌蘿蔔麵包，
30 款大人小孩都愛的健康無添加麵包

濱內千波◎著

---

**Le Creuset
鑄鐵鍋手作早午餐**
第一本鑄鐵鍋早午餐食譜

Le Creuset Japon K.K ◎編著
坂田阿希子◎食譜審訂

**新食感抹醬三明治**
53 種極上抹醬 × 46 道
三明治料理，超人氣輕食
的醬料配方大公開

朝倉めぐみ◎著

**不只做吐司！129 種超人氣
「麵包機」烘焙寶典**
吐司、蛋糕、包子、義大利麵，
麵包機終極料理大全

神美代子◎著

早餐輕鬆做，
享受美味生活